SITZUNGSBERICHTE DER DEUTSCHEN AKADEMIE
DER WISSENSCHAFTEN ZU BERLIN

Klasse für technische Wissenschaften
Jahrgang 1953 Nr. 1

GERHARD GEPPERT

DIE STRUKTUR DES SYSTEMS HOCHPOLYMERES-WEICHMACHER IM SPIEGEL DIELEKTRISCHER MESSUNGEN UND IHRER MATHEMATISCH-STATISTISCHEN AUSWERTUNG

1954

AKADEMIE-VERLAG · BERLIN

SITZUNGSBERICHTE DER DEUTSCHEN AKADEMIE
DER WISSENSCHAFTEN ZU BERLIN

Klasse für technische Wissenschaften
Jahrgang 1953 Nr. 1

GERHARD GEPPERT

DIE STRUKTUR DES SYSTEMS HOCHPOLYMERES-WEICHMACHER IM SPIEGEL DIELEKTRISCHER MESSUNGEN UND IHRER MATHEMATISCH-STATISTISCHEN AUSWERTUNG

1954

AKADEMIE-VERLAG · BERLIN

Vorgetragen von Herrn E. LEIBNITZ in der Gesamtsitzung vom 15. Oktober 1953
Zum Druck genehmigt am gleichen Tage, ausgegeben am 20. September 1954

Erschienen im Akademie-Verlag GmbH., Berlin W 8, Mohrenstraße 39
Veröffentlicht unter der Lizenz-Nummer 1218
des Amtes für Literatur und Verlagswesen der Deutschen Demokratischen Republik
Satz und Druck der Buchdruckerei F. Mitzlaff, Rudolstadt/Thür. V/14/7 (284)
Bestell- und Verlagsnummer 2010/53/III/1
Preis: DM 3,—
Printed in Germany

Inhaltsverzeichnis

1. Einleitung*

Trotz umfangreicher Arbeiten ist bis heute eine eindeutige Charakterisierung der verschiedenen Weichmacher bezüglich ihrer Wirksamkeit auf verschiedene Hochpolymere durch einfache Zahlen, aus denen sich sämtliche Eigenschaften der Weichmassen erkennen lassen, nicht gelungen. Dies liegt wohl hauptsächlich daran, daß die durchgeführten Prüfungen meist von der verwendeten Apparatur abhängig waren bzw. von der individuellen Versuchsausführung. Dabei wurden meist nur willkürliche Konstanten festgelegt. Man zog die verschiedensten Eigenschaften der weichgemachten Plaste zu Rate. Zuerst beschränkte man sich hauptsächlich auf mechanische Prüfungen wie Reißfestigkeit, Dehnung und dergleichen bei verschiedenen Temperaturen. Schließlich wurden auch optische und vor allem elektrische Methoden angewandt. Am meisten beschäftigte man sich dabei mit dem System Polyvinylchlorid-Weichmacher, da es große technische Bedeutung erlangt hat und der Untersuchung aus verschiedenen Gründen leichter zugänglich ist als viele andere Weichmassen.

In einer früheren Arbeit**, die sich mit der Messung des Durchgangswiderstandes, des dielektrischen Verlustfaktors und der Dielektrizitätskonstante an Isolierlackfilmen beschäftigte, zeigten sich interessante Ergebnisse. Die Lacke enthielten fast ausnahmslos trocknende Öle. Der Trocknungsvorgang dieser

* Auszug aus der Leipziger Dissertation 1953. D 15.

** Wissenschaftl. Zeitschr. der Karl-Marx-Universität Leipzig, Mathematisch-naturwiss. Reihe, Jahrgang 1952/53, S. 457.

fetten Öle mit mehreren Doppelbindungen im Molekül besteht in einer Polymerisation unter Sauerstoffaufnahme. Während der Trocknung werden nun neben Molekülen mit bereits recht hohem Molekulargewicht auch solche mit niedrigem Polymerisationsgrad vorhanden sein. Das System kann infolge seiner Homogenität als eine kolloide Lösung der hochpolymeren Anteile im Monomeren bzw. Di- und Trimeren aufgefaßt werden. Die niedrigpolymeren Anteile spielen dabei die Rolle des Weichmachers.

Im Gegensatz zu anderen Arbeiten erfolgte die Messung der obengenannten Eigenschaften unmittelbar aufeinander an ein und derselben Probe bei verschiedenen Temperaturen. So war eine Elimination der Ableitungsverluste, die sich ja im Gegensatz zu den rein dielektrischen Verlusten berechnen lassen, möglich. An der Stelle, wo in der Temperaturkurve des dielektrischen Verlustfaktors das Maximum und bei der Dielektrizitätskonstante der Wendepunkt lag, hatte die Leitfähigkeits-Temperaturkurve, die sonst bei logarithmischer Ordinatenteilung annähernd eine Gerade darstellt, einen Knick. Diesem Punkt muß also irgendeine physikalische Bedeutung zukommen. Im Zusammenhang mit der Änderung anderer Eigenschaften spricht man von der Einfriertemperatur (ET).

Gegenstand vorliegender Arbeit soll es nun sein, die gleichen Eigenschaften an einem erweiterten Versuchsmaterial mit verfeinerten Meßmethoden zu untersuchen. Dabei dienten trägerlose Filme als Proben, die sich besser für die Messung eignen als auf Metall aufgegossene Schichten. Schließlich wurde versucht, die durch statistisches Zusammenwirken sehr vieler Moleküle entstandenen anomalen DK-Dispersionen mit mathematisch-statistischen Methoden auszuwerten. Dieses Verfahren kann vielleicht am ehesten einen Einblick in die innere Struktur der Weichmassen verschaffen helfen, da eine analytisch-chemische Prüfung sehr schwierig, wenn nicht überhaupt begrenzt ist.

2. Das kolloide System Plast-Weichmacher

Reine Polymerisate und Polykondensate sind meist bei Raumtemperatur hart und spröde. Deshalb werden ihnen je nach Verwendungszweck verschiedene Mengen an sogenannten Weichmachern zugesetzt. Hierunter versteht man hochsiedende Lösungsmittel von sehr geringer Flüchtigkeit. Je nach Art und Menge des beigemischten Weichmachers erhalten die Plaste eine größere oder geringere Weichheit.

Die Weichmachung hat selbstverständlich eine Änderung der mechanischen, elektrischen und sonstigen Eigenschaften des Plastes zur Folge. Physikalisch am interessantesten ist die Herabsetzung der sogenannten Einfriertemperatur (ET). Hierunter versteht man den Temperaturbereich, in dem eine Auflockerung der Moleküle stattfindet. Bei mehr oder weniger tiefen Temperaturen sind die Plaste, auch die weichgemachten, hart; die Moleküle haben keine freie Beweglichkeit. Im Bereich der ET können sich die Moleküle als Ganzes auch noch nicht frei bewegen, doch einzelne Molekülteile erhalten eine freie Beweglichkeit, die sogenannte Mikro-Brownsche Bewegung. Erst im geschmolzenen Zustand gleiten die Moleküle aneinander vorbei, sie führen eine Makro-Brownsche Bewegung aus.

Die Lage der ET ist vom Bau der Moleküle abhängig, ebenso wie die Wirksamkeit eines Weichmachers auf ein bestimmtes Hochpolymeres. Seitenketten erhöhen, wie alle Molekülverzweigungen, infolge sterischer Hinderung der Mikro-Brownschen Bewegung die ET.

Die Wirkung des Weichmachers beruht darauf, daß dessen Moleküle zwischen die Moleküle des Hochpolymeren treten und deren Beweglichkeit erhöhen. Das tritt um so leichter ein, je größer die Kraftwirkung zwischen Polymerisat und Weichmacher ist und je besser sich die Weichmachermoleküle raummäßig an die Makromoleküle anlagern können. Ersteres ist von der Polarität der Weichmachermoleküle abhängig. Die gut lösenden bzw. gelatinierenden Weichmacher sind polar gebaut. Aber auch nichtgelatinierende Weichmacher können eine brauchbare Wirkung ausüben. Zwischen dem idealen Lösungsmittel und dem idealen Nichtlöser liegen alle verwendeten Weichmacher.

Die Wechselwirkungen zwischen den Molekülen des Polymerisats einerseits und des Weichmachers andererseits sowie zwischen beiden beruhen je nach Polarität mehr oder weniger auf Dipolkräften bzw. van der Waalsschen Kräften. Sie werden von JENCKEL[1] nach folgendem Schema formuliert:

$$\text{Pol} \cdot \text{Pol} + \text{WM} \cdot \text{WM} \rightleftharpoons 2\,\text{Pol} \cdot \text{WM}$$

Die Einstellung des obigen Gleichgewichts erfolgt erst oberhalb der sogenannten kritischen Lösetemperatur[2], wobei diese von der Identitätsperiode des Hochpolymeren und der Wirkungslänge des Weichmachermoleküls abhängt.

Die Wirksamkeit der verschiedenen Weichmacher wurde durch mehrere Theorien zu erklären versucht. Nach LEILICH[3] wird sie mit der Viskosität der Weichmacher in Zusammenhang gebracht, wonach die niedrigerviskosen Weichmacher eine bessere Wirkung zeigen sollen. Hierbei gibt es viele Ausnahmen, da nur die Beweglichkeit der äußeren Solvathülle berücksichtigt ist. Auch zwischen dem Viskositäts-Temperatur-Verhalten von Weichmasse und Weichmacher werden Parallelen gezogen.

Zur Bestimmung der Einfriertemperatur gibt es verschiedene Methoden. Hier seien nur die folgenden genannt: Wärmedilatation[4], Temperaturabhängigkeit des Brechungsindex[5], spezifische Wärme, Viskosität (die bei der ET stets 10^{13} cP betragen soll), elektrische Leitfähigkeit[6], dielektrische Verluste. Die letzten beiden Verfahren sollen Gegenstand vorliegender Arbeit sein.

3. Die elektrischen Untersuchungsmethoden

a) Leitfähigkeit

Die vorliegenden hochpolymeren Stoffe und auch die Weichmacher sind nicht aus Ionen aufgebaut. Da aber die Leitfähigkeit elektrolytischer Art ist, was sich aus dem positiven Temperaturkoeffizienten und anderen noch zu besprechenden Eigenschaften ersehen läßt, muß sie durch Ionen hervorgerufen werden, die als Verunreinigung fast stets in geringerer oder größerer Menge enthalten sind. PCU enthält z. B. 1 bis 2% mit Wasser extrahierbare Substanzen, die teils als Emulgiermittel und teils als Stabilisatoren zugesetzt worden sind.

Die Leitfähigkeit durch Ionen ist von deren Zahl und von der Viskosität des Stoffes abhängig und nimmt somit mit steigender Temperatur zu. Da nun jeder Zusatz von Weichmachern die Viskosität ebenfalls herabsetzt, führt er zwangsläufig zu einer Zunahme der elektrischen Leitfähigkeit und damit zu einer Verschlechterung der elektrischen Eigenschaften eines Isolierstoffes. Eine ausgezeichnete Weichmacherwirkung steht somit im Gegensatz zu hervorragenden Isolierstoffeigenschaften.

Es wurde versucht, letztgenannte Behauptung zu widerlegen[7]. Nach Messungen von WÜRSTLIN hatten Mischungen aus sorgfältigst gereinigten Hochpolymeren und Lösungsmitteln mit hohem spezifischen Widerstand trotzdem Leitfähigkeiten, die diejenigen der reinen Weichmacher überstiegen. Die Leitfähigkeit kann also nicht allein durch als Verunreinigung enthaltene Ionen bedingt sein. Vielmehr treten bei zunehmendem Weichmachergehalt elektroosmotische Erscheinungen hinzu. WÜRSTLIN untersuchte die Änderung des spezifischen Widerstandes von weichgemachten PVC-Massen in Abhängigkeit von der Weichmacherkonzentration. Bis zu Weichmachergehalten von etwa 20% bleibt der hohe Widerstand des PVC erhalten. Dann erst setzt ein steiler Abfall ein, bis unter den Wert des reinen Weichmachers. Daraus läßt sich folgern, daß bis zu 20% Weichmacher die Solvathüllen noch nicht voll aufgebaut sind. Erst von 20% Weichmacher an wächst die Beweglichkeit der Solvathüllen. Beim Anlegen eines elektrischen Feldes kommt es zur Ausbildung von elektrischen Doppelschichten (Grenzflächenpotentiale) und damit zur Wanderung des Weichmachers zwischen den Polymerisatketten. Beim reinen Weichmacher hingegen können sich infolge der Homogenität die elektrischen Doppelschichten nicht ausbilden und die Leitfähigkeit ist wieder geringer, obwohl die Viskosität sehr viel niedriger ist. (Bereits 3% PCU bedingen eine Viskositätsänderung um etwa 3 Zehnerpotenzen.)

Derartige elektroosmotische oder elektrophoretische Erscheinungen sind eine allgemeine Eigenschaft kolloidaler Lösungen, und um solche handelt es sich hier offenbar. Das Hochpolymere ist im Weichmacher gelöst. Bei längerer Einwirkung einer genügend hohen Gleichspannung kann man eine Trennlinie zwischen reinem Lösungsmittel und solvatisiertem Hochpolymeren erkennen. Letzteres scheidet sich meist an der Anode als festhaftender Überzug ab. Dabei steigt der Widerstand an der Anode erheblich an[7].

Zusammenfassend muß also festgehalten werden, daß der größte Teil der Leitfähigkeit in weichgestellten Massen durch Elektroosmose bedingt ist, nur ein geringer Teil durch Ionen.

Die Leitfähigkeit des reinen Weichmachers übt keinen großen Einfluß aus, und WÜRSTLIN konnte zeigen, daß reine und verunreinigte Weichmacher in gleicher Konzentration Weichmassen gleicher Leitfähigkeit ergeben.

b) Dielektrizitätskonstante (DK) und dielektrische Verluste (DV)

Bringt man einen polaren hochmolekularen Stoff in ein elektrisches Wechselfeld, dann werden im erweichten Zustand (bei höherer Temperatur) die polaren Gruppen im Takt des Wechselfeldes mitschwingen. Im eingefrorenen Zustand (bei tiefen Temperaturen) sind die Gruppen in ihrer Beweglichkeit gehemmt und schwingen daher nicht mit. Dazwischen wird es ein Temperaturgebiet geben, in dem die polaren Gruppen bereits eine gewisse Beweglichkeit erlangt haben, die aber doch nicht ausreicht, um die Schwingung des Wechselfeldes unverzögert mitzumachen. Die Schwingung der sich orientierenden Gruppen hinkt hinter der des Wechselfeldes mehr oder weniger nach, sie erleidet eine Phasenverschiebung. Die durch innere Reibung gedämpfte Schwingung bedeutet einen Verlust an elektrischer Energie, die im hochmolekularen Stoff in Wärme verwandelt wird. Die Temperatur, bei der das Maximum der dielektrischen Verluste liegt, befindet sich in der Nähe der Einfriertemperatur, je nach Höhe der Frequenz des Wechselfeldes mehr oder weniger darüber.

Gleichzeitig mit den dielektrischen Verlusten tritt eine größere Änderung der Dielektrizitätskonstante, eine anomale DK-Dispersion, auf. Die dielektrischen Verluste bezeichnet man in Analogie zum optischen Teil des Spektrums der elektromagnetischen Schwingungen als Absorption. Bei unpolaren Stoffen schwingen nur die praktisch trägheitslosen Elektronen, die DK hat einen kleinen Wert und dielektrische Verluste treten nicht in nennenswertem Maße auf. Die Einstellung der Elektronen in die Richtung des elektrischen Feldes bezeichnet man als Elektronenpolarisation. Nur bei der sehr hohen Frequenz des ultravioletten und sichtbaren Lichtes tritt in gewissen Frequenzbereichen Absorption ein und damit verbunden eine anomale Dispersion des Brechungsindex n. Für die DK gilt die Maxwellsche Beziehung: $\varepsilon = n^2$ (Grenzwert für unendlich lange Wellen; nur außerhalb der Absorptionsgebiete gültig).

Bei der Frequenz der ultraroten Strahlung wird das Resonanzgebiet der Atomschwingungen durchlaufen. Die Einstellung der Atome in Richtung des Feldes nennt man Atompolarisation.

Bei den verhältnismäßig langsamen Schwingungen des elektrischen Feldes, wie es zur Messung der DK und DV benutzt wird (etwa 50 Hz bis 10^7 Hz), kommen Elektronen- und Atompolarisation für die anomale DK-Dispersion und Auftreten von

DV nicht in Frage. Erst die bereits erwähnten Schwingungen polarer Gruppen liegen mit ihrer Eigenfrequenz im Gebiet der Meßfrequenz. Da sich die Gruppen im elektrischen Felde ausrichten, orientieren, spricht man von Orientierungspolarisation.

Bei inhomogenen Stoffen können sich schließlich noch an den Grenzflächen sogenannte Grenzflächenpotentiale ausbilden, hervorgerufen durch die verschiedene DK der einzelnen Bestandteile, deren Einstellung in Feldrichtung ebenfalls DV und eine anomale DK-Dispersion verursacht. Dies ist die Zwischenflächenpolarisation (vgl. Fußnote ** S. 5).

Auf die Ableitung der dielektrischen Werte sei hier verzichtet. Die DV werden durch den tg δ (δ = Verlustwinkel) dargestellt. Nähere Einzelheiten sind der Fachliteratur zu entnehmen[8], [9], [10], [11] (sowie die Originalarbeit s. Fußnote * auf S. 5).

Da die Größe der anomalen DK-Dispersion und damit der dabei auftretenden DV von der Zahl der polaren Gruppen abhängig ist, führen Messungen an schwach polaren Substanzen oder gar unpolaren Stoffen zu keinen brauchbaren Ergebnissen. Die meisten Weichmacher sind polarer Art, wie bereits weiter oben dargelegt worden ist. Für unpolare Stoffe wie Polystyrol u. dgl. sind noch keine passenden Weichmacher für die äußere Weichmachung gefunden worden. (Bei der inneren Weichmachung findet im Gegensatz zur äußeren der Einbau des Weichmachers in das Makromolekül durch Hauptvalenzbindung direkt statt, wie z. B. in manchen Mischpolymerisaten.) Aber auch an sich polare Stoffe können für die Messung der DK-Dispersion und der DV nicht geeignet sein, wenn sich die polaren Gruppen infolge sterischer Hinderung nicht orientieren können. Ein Beispiel hierfür ist der Polymethacrylsäuremethylester[12]. Auch bei der Benzylzellulose dürfte eine starke sterische Hinderung vorhanden sein.

Besonders ausgeprägt ist die anomale DK-Dispersion und damit das Maximum der dielektrischen Verluste beim Polyvinylchlorid. Deshalb wurden wohl die meisten dielektrischen Messungen am System PVC/Weichmacher durchgeführt. WÜRSTLIN konnte nun zeigen[13], daß man durch Messung der DV das Verhältnis von in der Solvathülle gebundenem zu freiem Weichmacher ermitteln kann. Das DV-Maximum tritt dort auf, wo die Relaxationszeit der sich orientierenden Gruppen von gleicher Größenordnung mit der Schwingungsdauer des angelegten Wechselfeldes wird. Die Relaxationszeit ist diejenige Zeit, in der eine elastische Verformung auf den e-ten Teil abgeklungen ist. Sie ist u. a. abhängig von der Viskosität des Stoffes, d. h. von der inneren Beweglichkeit:

$$\tau = \frac{4 \pi \eta a^3}{k T}$$

η = Viskosität, a = Teilchenradius (unter Annahme kugelförmiger Teilchen), k = Boltzmannsche Konstante, T = abs. Temp.

Es gibt zwei Ausführungsmöglichkeiten dielektrischer Messungen. Einmal kann man die Frequenz verändern und die Temperatur konstant halten, zum anderen aber bei gleicher Frequenz und verschiedener Temperatur messen. Die zweite Methode bietet wesentliche Vorteile, da man einen bedeutend größeren Bereich an Relaxationszeiten überstreichen kann, hat doch eine Veränderung der Temperatur um 10° C bereits etwa die gleiche Wirkung wie eine Änderung der Frequenz um zwei Zehnerpotenzen. Außerdem kann man die Frequenz nicht unter 50 Hz herabdrücken, was eine Erfassung der längeren Relaxationszeiten, wie dies bei tiefen Temperaturen möglich ist, ausschließt.

Es ist nun anzunehmen, daß der in der Solvathülle gebundene Weichmacher nicht die gleiche Beweglichkeit hat wie der freie Weichmacher. Dies würde bedeuten, daß wir es mit zwei verschiedenen Relaxationszeiten zu tun haben. Tatsächlich haben die Messungen von WÜRSTLIN[13] an dem System PCU/Trikresylphosphat bei verschiedener Weichmacherkonzentration ergeben, daß in einem bestimmten Konzentrationsbereich zwei verschiedene Maxima der DV vorliegen. Die Messungen wurden vom reinen Weichmacher (0/100) an bis zur Konzentration 70/30 durchgeführt. Die Meßfrequenz betrug 10^7 Hz. Das eine Maximum kommt dem Solvat PVC-Weichmacher zu. Bei größerer Konzentration an Weichmacher tritt noch das Maximum des reinen Weichmachers auf, das bei sehr hohem Weichmachergehalt allein vorhanden ist. Das Maximum des Solvats wandert bei steigendem Gehalt an Weichmacher immer weiter zu tiefen Temperaturen, um schließlich bei einer bestimmten Konzentration haltzumachen. An dieser Stelle ist das PVC vollständig solvatisiert.

Die Höhe der DK ist von der Anzahl der sich orientierenden Gruppen abhängig. Bei Abwesenheit polarer Gruppen hat sie den wenig von der Temperatur abhängigen optischen Wert ($\varepsilon = n^2$). Der stetige Abfall der DK in einem bestimmten Temperaturbereich ist bei sämtlichen glasartigen Stoffen zu beobachten, während bei kristallisierenden Stoffen ein sprunghafter Abfall der DK zu verzeichnen ist. (Oberhalb des Dispersionsgebietes nimmt die DK mit fallender Temperatur stetig zu, entsprechend der Abnahme der der Orientierung entgegenwirkenden Brownschen Bewegung, während im Dispersionsgebiet die starke Zunahme der Viskosität in entgegengesetzter Richtung wirksam ist.) Bei den amorphen Gläsern verlieren die sich orientierenden polaren Gruppen nicht schlagartig bei einer bestimmten Temperatur ihre freie Beweglichkeit, sondern nach und nach in einem mehr oder weniger weiten Temperaturbereich. So ist der stetige Abfall der DK zu erklären. Die Weite des Temperaturbereichs ist unter anderem von der Steilheit der Viskositäts-Temperaturkurve abhängig. Bei hohem Viskositäts-Temperaturkoeffizienten wird der Bereich schmaler sein. Die Viskositätssteilheit läßt sich außer aus den Leitfähigkeitskurven auch aus dem mehr oder weniger weiten Abstand der DV-Maxima bei Messungen bei gleicher Temperatur, aber verschiedener Frequenz erkennen. Eine Erhöhung der Frequenz führt zu einer Verschiebung des DV-Maximums und damit des DK-Dispersionsgebietes nach höheren Temperaturen. Wenn man die Temperatur, bei der das DV-Maximum liegt, als ET bezeichnet, so ergibt sich ein deutlicher Unterschied zu der ET, die bei den sogenannten makromolekularen Meßmethoden ermittelt wurde, wie z. B. bei Gleichstromleitfähigkeit und allen mechanischen Prüfungen, wie Zerreißfestigkeit, Bruchdehnung u. dgl. Diese Methoden erfassen lediglich den kolloidalen Aufbau, während die mikromolekulare dielektrische Meßmethode den inneren chemischen Aufbau erfaßt. Der Unterschied liegt in der verschieden langen Meßzeit, die bei ersteren Verfahren in der Größenordnung von Minuten liegt, während sie bei Messungen bei 50 bis 10^7 Hz nur geringe Bruchteile von Sekunden beträgt.

4. Experimenteller Teil

a) Herstellung der Prüfkörper

Bei der Herstellung der Prüfkörper wurde den Bedürfnissen der betriebsmäßigen Messung weitestgehend Rechnung getragen. Bei ausreichender Genauigkeit sollte eine verhältnismäßig schnelle Durchführbarkeit der Messung bei verschiedenen Temperaturen gewährleistet sein. Der zeitbestimmende Faktor bei den Messungen ist nun aber das Abwarten des Temperaturausgleichs im Prüfkörper beim Einstellen einer anderen Temperatur. In dicken und großen Prüfkörpern dauert dies wegen der schlechten Wärmeleitfähigkeit der Plaste sehr lange, und kleine Temperaturdifferenzen im Prüfkörper lassen sich sehr schwer vermeiden, wenn man nicht außerordentlich lange Temperaturausgleichszeiten vorsieht und große Thermostaten verwendet.

Aus diesen Gründen wurden dünne Folien mit Dicken von etwa 0,1 bis 0,3 mm hergestellt. Fehlerquellen durch Luftblasen oder irgendwelche Schmutzteilchen lassen sich durch sorgfältiges Arbeiten vermeiden. Für die PCU-Weichfolien wurden PCU und Weichmacher im jeweils gewünschten Verhältnis gut verrieben und im Vakuum entlüftet. Die Paste ließ sich dann mit dem Gießapparat nach Keyl in einer Dicke von etwa 0,2 mm auf Glasplatten aufgießen und wurde im elektrischen Wärmeschrank, der mittels eines hineingelegten Maximumthermometers genau auf 160° C eingestellt worden war, 30 Minuten zur Gelatinierung erwärmt. Die zunächst kalte Glasplatte ist dabei natürlich nicht so lange dieser Temperatur ausgesetzt. Eine thermische HCl-Abspaltung tritt bei dem stabilisierten PCU nicht ein. Die Folien sind porenfrei und gut durchgelatiniert, was an dem homogenen Aussehen zu erkennen ist. Sie lassen sich vom Glase gut abziehen. Über das Verhältnis 70/30 von PCU zu Weichmacher kommt man mit dem Gießverfahren nicht hinaus, da sich bei geringerem Weichmachergehalt kein zusammenhängender Film mehr bildet. Die Menge an Weichmacher reicht zur vollständigen Ausbildung der Solvathüllen nicht mehr aus. Homogene Folien kann man dann nur unter Anwendung eines geheizten Walzwerkes erhalten.

Zur Herstellung der Benzylzellulosefolien dienten 15 proz. Lösungen von Benzylzellulose (mittelviskos) in einem Lösungsmittelgemisch von $2/3$ Äthylacetat und $1/3$ Toluol, denen die entsprechende Menge Weichmacher hinzugefügt war. Die klaren Lösungen wurden mit einem Stahllineal (ähnlich dem Wasag-Lineal) in 1,2 mm Schichtdicke auf sorgfältig gereinigte Glasplatten aufgegossen. Eventuell auftretende Luftblasen werden mit einer Nadel aufgestochen. Die Glasplatten müssen auf eine mit der Libelle genau horizontal gestellte Unterlage gelegt und sehr langsam getrocknet werden, was sich durch Überdecken mit einer großen Glasglocke erreichen läßt. Bei schnellem Trocknen entsteht mit den niedrigsiedenden Lösungsmitteln kein glatter Film, außerdem läuft er wegen der großen Verdunstungskälte durch niedergeschlagenen Wasserdampf weiß an.

Hochsiedende Lösungsmittel sind zu vermeiden, weil sie sich nachher beim Trocknen sehr schwer vollständig entfernen lassen und eine zusätzliche Weichmachung verursachen. Die Folien blieben mindestens 24 Stunden unter der Glasglocke, die außerdem vor Staub schützt, und wurden dann weitere 48 Stunden an staubfreier Luft getrocknet. Hierauf ließen sie sich mit einem Glaszylinder leicht abrollen. Die trägerlosen Folien wurden dann im Vakuumexsikkator aufbewahrt, bis der Geruch nach Lösungsmitteln vollständig verschwunden war.

In ähnlicher Weise wurden die Nitrozellulosefilme hergestellt. Bei der Wolle E 620 war die Lösung 15 proz. in Äthylacetat/Toluol 1 : 1, bei der Wolle E 1250 konnten nur etwa 8 proz. Lösungen hergestellt werden, die entsprechend dünnere Filme ergaben.

Besondere Aufmerksamkeit muß dem Aufbringen der leitenden Belegungen geschenkt werden. Das bloße Aufsetzen von Metallelektroden ist für die Messung in einem Temperaturbereich von etwa — 30° bis 130° C völlig ungeeignet. Bei der chemischen Herstellung von Silberspiegeln auf den Folien zeigte es sich, daß die Aufnahme von Elektrolyten das Meßergebnis stark verfälschte. Das Aufdampfen von Metallen im Hochvakuum führt meist zu einem Verdampfen des Weichmachers. Die in der Literatur[8] für am zuverlässigsten angepriesene Methode mit nach dem Metallspritzverfahren nach Schoop aufgespritzten Zinkelektroden ist für dünne und weiche Folien leider auch nicht geeignet. Obwohl die Spritzdüse in etwa 1 m Abstand gehalten wurde, war die Erhitzung der Folie noch so stark, daß eine Alterung eintrat. Außerdem war der Überzug zu grobkörnig, so daß beim Ablösen mit Salzsäure deutliche Vertiefungen zu sehen waren. Eine genaue Messung der Schichtdicke, wie sie für Leitfähigkeits- und DK-Messungen erforderlich ist, wird dadurch illusorisch.

Als einzig brauchbare Methode erwies sich das Aufpinseln von Graphitelektroden. Die Folie wird dadurch weder physikalisch noch chemisch verändert und übersteht die weite Temperaturspanne ohne Schwierigkeiten. Das feine Graphitpulver wurde mit Wasser und sehr wenig Dextrin zu einem dünnen Brei angerieben und nacheinander auf beide Seiten der Folie nach einer Kreisschablone aufgepinselt. Die Fläche betrug genau 10 cm^2. Die Folien wurden dann im Vakuumexsikkator getrocknet.

b) Messung der Gleichstromleitfähigkeit

Der Durchgangswiderstand (Kehrwert der Leitfähigkeit) wurde aus Strom und Spannung ermittelt. Als Meßinstrument diente ein Multiflex-Galvanometer nach Dr. B. LANGE mit einer Empfindlichkeit von $7{,}8 \cdot 10^{-10}$ Ampere pro Skalenteil. Es war auf einem erschütterungsfreien Tisch aufgestellt. Als Spannungsquelle wurde ein Hochspannungsprüfgerät verwendet, das eine stufenlose Spannungsregelung von 0 bis 1000 Volt gestattete. Die Genauigkeit der Spannungsmessung betrug leider nur $\pm$ 5%, konnte aber durch Wiederholung der Messung bei verschiedenen Spannungen verbessert werden. Es wurden keine höheren Spannungen als 500 V angelegt, denn bis zu etwa 500 V war bei der vorhandenen Schichtdicke die Gültigkeit des Ohmschen Gesetzes gewahrt. Bei größeren Feldstärken nimmt der spezifische Widerstand ab. Die Ablesung erfolgte sofort, wenn der Ausschlag des Galvanometers konstant war, also etwa nach 5—10 Sekunden.

Zur genauen Einstellung der Temperatur war ein Ultrathermostat nach HÖPPLER vorhanden. Der Meßkondensator lag zwischen zwei halbkugelförmigen Glasgefäßen, die von der Thermostatenflüssigkeit durchströmt wurden. So war eine schnelle und gleichmäßige Temperaturregelung möglich. Um bei tiefen Temperaturen ein Beschlagen mit Wasser zu vermeiden, war die Anordnung in einem Glas, auf dessen Boden sich ein Schälchen mit Schwefelsäure befand, luftdicht abgeschlossen.

Da die Dickenmessung der Folie wesentlich die Genauigkeit des Meßergebnisses beeinflußt, wurde mit einem Optimeter von

Carl Zeiss, Jena, auf 0,001 mm genau gemessen. Der Fehler betrug etwa ± 1%, so daß der Gesamtfehler der Leitfähigkeitsmessung mit ± 6% angenommen werden kann.

c) Messung der DK und DV

Es wurde eine Meßbrücke nach Giebe und Zickner (Hersteller: Dr. Ulrich, Leipzig) verwendet. Die Messung erfolgte im Substitutionsverfahren, das die größtmögliche Genauigkeit gewährleistet. Die Frequenz des Röhrensummers betrug 800 Hz und war auf 1% genau. Da die Ablesungen mit Nonius sehr genau sind und der akustische Abgleich der Brücke sehr deutlich ist, kann man die Genauigkeit der DV-Messung mit der des Summers gleichsetzen. Die Genauigkeit der DK-Messung wird wieder von der Dickenmessung bestimmt. Innerhalb der Meßreihe kann der relative Fehler der Messung vernachlässigt werden. Die durch die Herstellung der Prüfkörper bedingten Schwankungen sind in jedem Falle größer als die apparativen Meßfehler.

Durchgangswiderstand und dielektrische Werte wurden an der gleichen Probe jeweils unmittelbar hintereinander gemessen. Die Temperaturabstände waren meist zu 5^0 C gewählt.

5. Die Messungsergebnisse

Die Bestandteile der gemessenen Folien sowie das Mischungsverhältnis zwischen Hochpolymerem und Weichmacher gehen aus Tabelle 1 hervor. Weiterhin sind darin Angaben über das durchschnittliche Molekulargewicht und das Gelatinierungsvermögen gemacht. Die Mischungsverhältnisse wurden jeweils so gewählt, daß sich ohne Schwierigkeiten nach den angegebenen Methoden ein brauchbarer Film herstellen ließ. Lediglich die mit Rizinusöl weichgemachten Nitrozellulosefolien ließen sich nicht abziehen und wurden deshalb auf Stanniol gegossen. Die Dicken der einzelnen Folien sind ebenfalls aus Tabelle 1 zu

Tabelle 1

Übersicht über die Zusammensetzung der gemessenen Folien

Hochpolymeres	Weichmacher	Chemische Bezeichnung des WM	Mol.-Gewicht des WM	Gelatinierungsvermögen	Gew.-verhältnis	Schichtdicke	
Polyvinylchlorid PCU, Typ G K-Wert: 73	Trikresylphosphat	Trikresylphosphat	368	schlecht	70/30	125	
					60/40	158	
					50/50	119	
	ED 242	Phthalsäureester der C_7–C_9 Alkoh.	ca. 390	sehr gut	70/30	309	
					60/40	280	
					50/50	208	
	Palatinol C	Dibutylphthalat	278	sehr gut	70/30	218	
					60/40	162	
					50/50	210	
	Mesamoll	Kogasinsulfosäurekresylester	ca. 410	gut	70/30	223	
					60/40	197	
					50/50	232	
	Intermoll	Hexantriolvorlauffettsäureester C_7–C_9	ca. 500	gut	70/30	286	
					60/40	173	
					50/50	261	
Benzylzellulose mittelviskos	Trikresylphosphat		368	ja	80/20	120	
					70/30	160	
					60/40	140	
	Clophen A 60	chloriertes Diphenyl	ca. 300	—	80/20	118	
					70/30	122	
					60/40	128	
	Palatinol C		278	ja	80/20	111	
					70/30	164	
					60/40	150	
	ED 242		ca. 390	nein	80/20	145	
					70/30	164	
					60/40	222	
Nitrozellulose E 620 und E 1250	ED 242		ca. 390	schlecht	70/30	209	
					60/40	268	92
					50/50	216	99
	Palatinol C		278	sehr gut	70/30	160	61
					60/40	214	70
					50/50	286	106
	Rizinusöl		ca. 940	nein	90/10	215	47
					80/20	224	87
					70/30	255	—
	Kampfer		152	Mol.-Verb.	80/20	200	59
					70/30	220	71
					60/40	251	51

Anm.: Die Schichtdicken für Nitrozellulose E 1250 stehen rechts neben denen für E 620.
Die Angaben über das Gelatinierungsvermögen entstammen z. T. [24].

entnehmen. Alle Meßergebnisse sind an aus gleichen Rohstoffen auf gleiche Art hergestellten Folien unter Einhaltung derselben Bedingungen innerhalb der Meßgenauigkeit beliebig oft reproduzierbar.

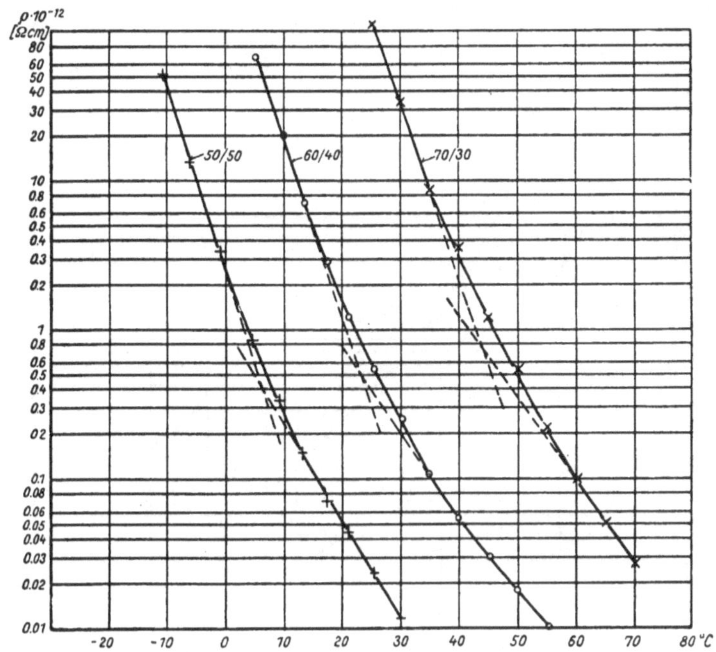

Abb. 1. PCU/Trikresylphosphat.

a) Durchgangswiderstand

In den graphischen Darstellungen des Durchgangswiderstandes ist der spezifische Widerstand in logarithmischem Maßstab über der Temperatur aufgetragen. Für den vorliegenden Zweck dürfte der logarithmische Maßstab der günstigste sein, da er eine einfache analytische Auswertung der Kurven ermöglicht, was bei Verwendung des Viskositäts-Temperaturblattes nach Ubbelohde nicht der Fall ist. Bereits frühere Messungen ähnlicher Art an ölhaltigen Lackfilmen hatten gezeigt, daß innerhalb eines weiten Temperaturgebietes die Meßpunkte auf einer Geraden liegen. Bei einer bestimmten Temperatur trat ein mehr oder weniger scharfer Knick auf, und die neue Richtung verlief weniger steil.

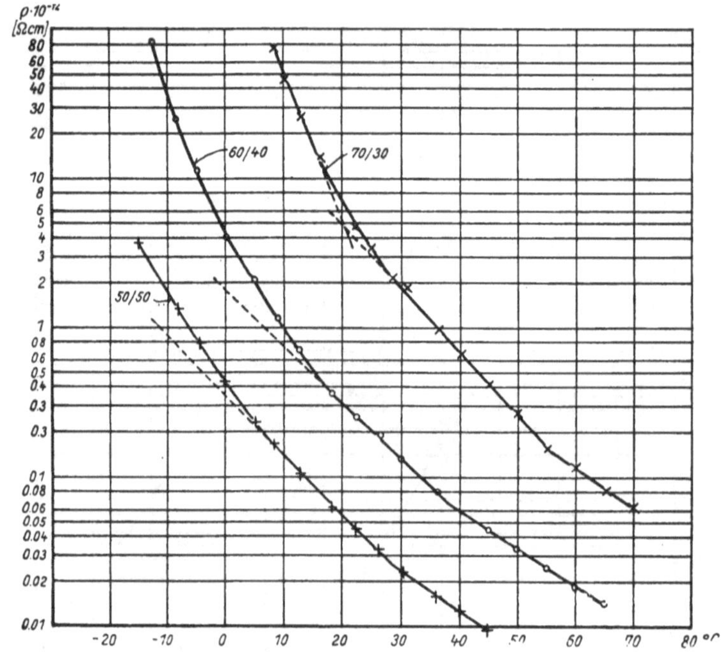

Abb. 2. PCU/Weichmacher ED 242.

Schließlich, bei noch höherer Temperatur, waren die Widerstandswerte von der Dauer des Stromdurchganges abhängig und stiegen bei längerem Stromdurchgang immer mehr an, ohne sich deutlich einem bestimmten Endwert zu nähern. Der Ausschlag des Galvanometers fiel bei sehr langer Einwirkung hoher Spannung auf sehr kleine Werte.

Ein analoges Verhalten zeigten auch die Messungen an weichgemachtem Polyvinylchlorid. Bei tiefen Temperaturen liegen die Meßpunkte auf einer Geraden. Von einer bestimmten Temperatur an weichen die Werte immer mehr von der Geraden ab, indem die Steigung geringer wird. Schließlich wird die Richtung wieder konstant, und die Punkte lassen sich durch eine Gerade geringerer Steigung verbinden. Die beiden Geraden geben einen

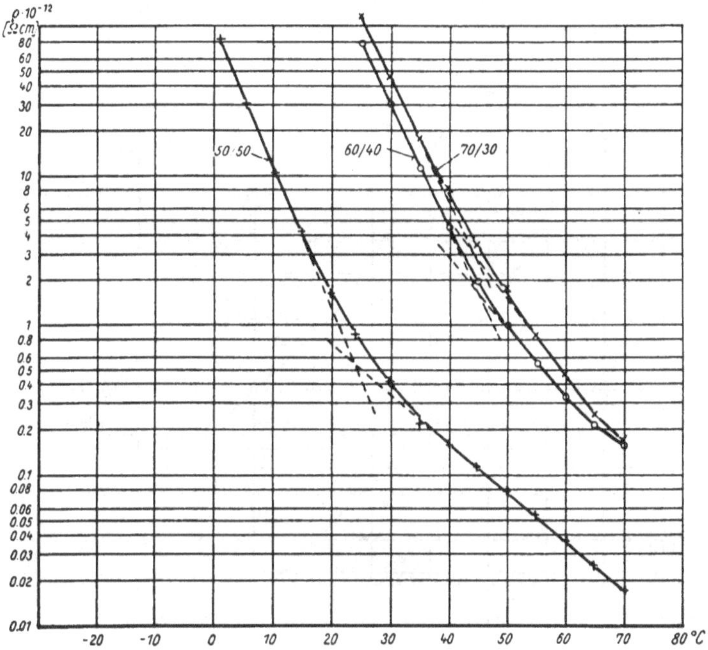

Abb. 3. PCU/Palatinol C.

Schnittpunkt, dessen Temperaturlage die Einfriertemperatur kennzeichnet. Bei noch höherer Temperatur läßt sich abermals eine Richtungsänderung nach noch geringerer Steigung feststellen. Von diesem zweiten Knick an wird der Widerstand von der Dauer des Stromdurchgangs abhängig, doch bei weitem nicht so stark, wie etwa bei den Leinölfilmen. Bei kurzzeitiger Messung von etwa je 5 Sekunden ist ein merklicher Abfall des Galvanometerausschlages nicht zu verzeichnen.

Besonders deutlich sind die dargelegten Erscheinungen am Beispiel PCU/Trikresylphosphat (Diagramm 1) zu sehen. Bei allen drei Konzentrationen tritt die Richtungsänderung auf.

Der zweite Knick ist jedoch nur an der mittleren Kurve zu erkennen, da bei den anderen Folien die Messung aus technischen Gründen nicht weitergeführt wurde.

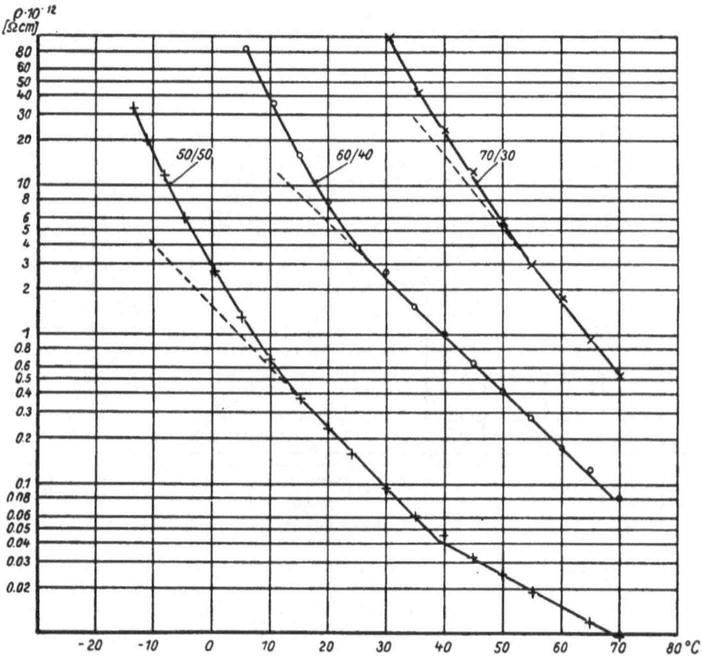

Abb. 4. PCU/Mesamoll.

Ein analoger Verlauf läßt sich auch aus den anderen Diagrammen der PCU-Weichmassen ersehen (2—5).

Bei den Benzylzellulosefolien (Diagramme 6, 7) wird mit der Widerstandsmessung die Temperatur der Knickpunkte in keinem Falle erreicht. Für die Nitrozellulosefilme gilt im wesentlichen das gleiche (Diagramm 8). Die verschieden viskosen Kollodiumwollen verhielten sich bei allen Messungen innerhalb der Fehlergrenze gleich.

(Eine ausführlichere Besprechung der einzelnen Messungen sowie eine vollständige Wiedergabe der Diagramme findet sich in der o. a. Originalarbeit.)

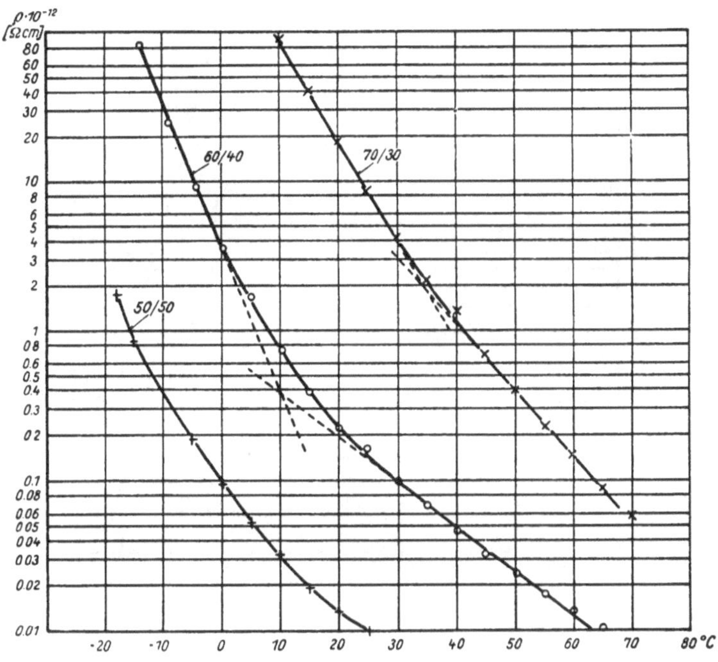

Abb. 5. PCU-Intermoll.

b) Die dielektrischen Werte

In den graphischen Darstellungen ist einmal die Abhängigkeit der Dielektrizitätskonstante (DK) von der Temperatur dargestellt, zum anderen die Temperaturabhängigkeit der dielektrischen Verluste (DV), wobei der gemessene DV den ausgezogenen Linien entspricht, während die von der Abszisse ausgehenden gestrichelten Linien die Ableitungsverluste (DV_G)

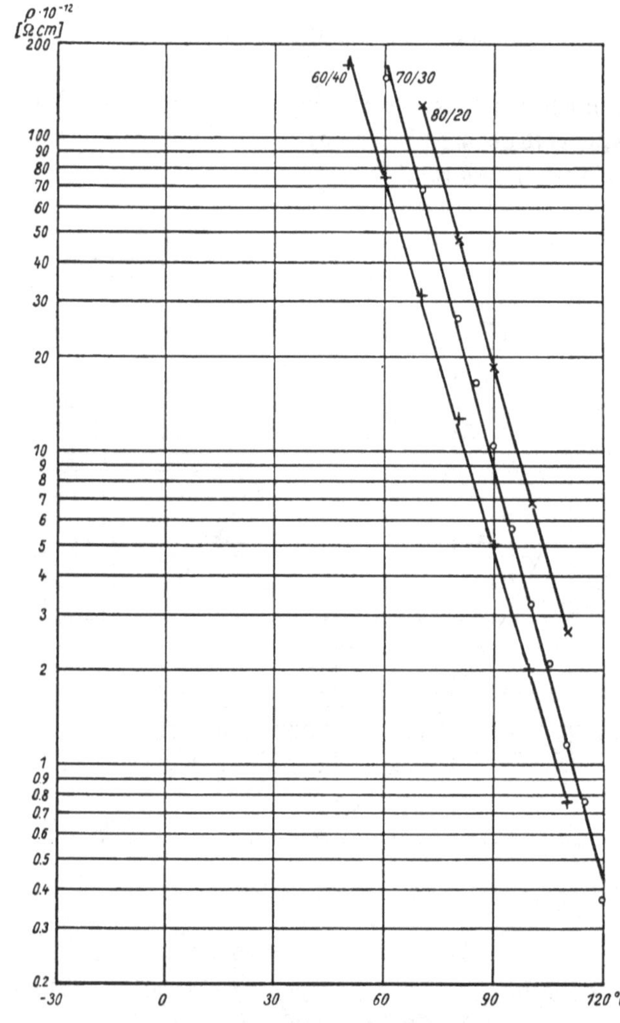

Abb. 6. Benzylzellulose/Clophen A 60.

und die aus den ausgezogenen Kurven abzweigenden gestrichelten Linien die rein dielektrischen Verluste (DV_D) darstellen. Eine vollständige Wiedergabe der Tabellen mit den Meßwerten

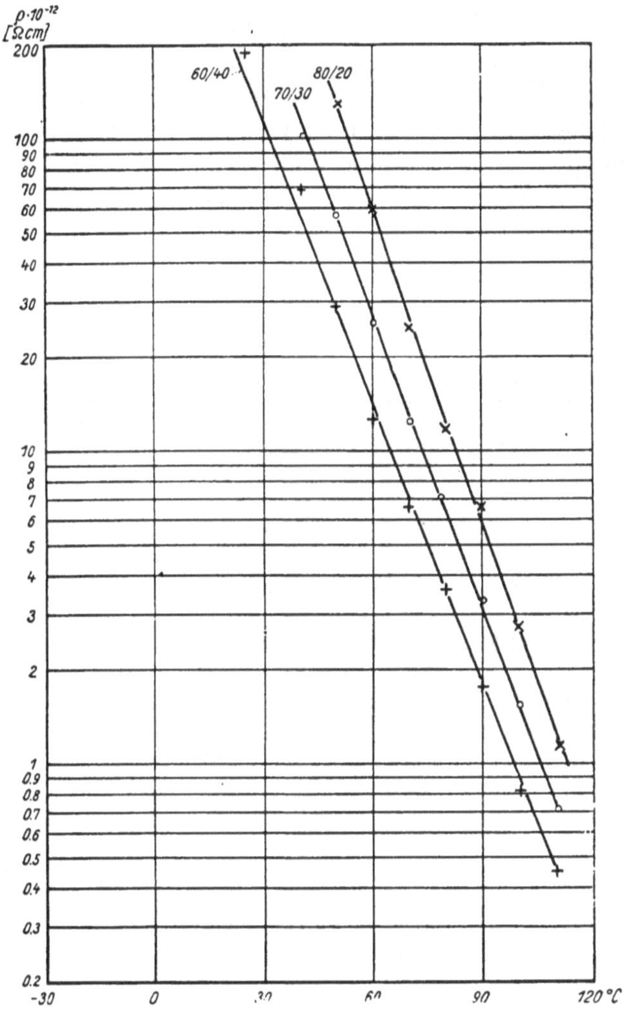

Abb. 7. Benzylzellulose/Weichmacher ED 242.

ist nicht notwendig, da die einzelnen Meßpunkte mit genügender Genauigkeit aus den Diagrammen entnommen werden können. Als Beispiel sei lediglich für die Weichfolie PCU-Trikresylphosphat im Mischungsverhältnis 60/40 die entsprechende Tabelle eingefügt (Tabelle 2).

Bei der Betrachtung der einzelnen Kurven ist ebenso wie vorher beim Durchgangswiderstand festzustellen, daß die PCU-Weichfolien das deutlichste Bild geben. Überhaupt ist ein sehr enger Zusammenhang zwischen der Temperaturabhängigkeit des Durchgangswiderstandes und derjenigen der DK- und DV-Werte

Tabelle 2

PCU/Trikresylphosphat 60/40

t °C	C_1 °	C_1 (pF)	C_4°	DV	DK	Sk. T.	$\varrho \cdot 10^{-12}$	DV_D	DV_G
-21,8	6,0	165	180	0,0000	3,65				
-15,5	6,5	167	171	0055	3,70				
-10,0	7,7	175	141	0233	3,83				
- 5,5	9,2	182	111	0411	4,02				
						(500 V)			
- 0,4	11,7	196	71	0650	4,34	1,5	267		
			(+10)						
5,0	15,3	219	135	0938	4,85	6	66,8		
9,6	19,6	244	96	1170	5,40	20	20,0		
13,5	24,1	271	67	1340	6,00	57,5	6,97		
			(+20)						
17,3	29,0	300	95	1478	6,65	138	2,90	0,0001	0,1477
21,2	34,4	332	86,3	1529	7,35	334	1,20	00025	1527
25,3	40,0	366	93	1489	8,10	750	0,535	0005	1484
30,1	46,2	405	117,5	1345	8,96	1650	0,243	0010	1335
35,0	52,1	440	141,5	1200	9,75	3750	0,107	0021	1179
			(+10)						
40,0	56,4	466	115,4	1053	10,32	7350	0,0545	0040	1013
45,0	60,9	492	128,4	0977	10,90	13600	0,0297	0069	0908
50,0	64,0	512	130,3	0965	11,33	23000	0,0174	0114	0851
55,0	66,7	527	109,0	1090	11,65	40000	0,0100	0193	0897
60,0	68,5	539	62	1370	11,92	63000	0,0063	0300	1070
			(+20)			(200V)			
65,0	71,4	556	29,5	1866	12,30	36000	0,00446	0410	1456
			(+60)						
70,0	76,0	584	97	2672	12,91	53000	0,00302	0577	2095

zu erkennen. Beim Vergleich der Temperaturlagen der DV-Maxima mit den oberen Knickstellen beim Durchgangswiderstand zeigt sich sehr gute Übereinstimmung bei den PCU-Weichmassen. Bei den Benzylzellulose- und Nitrozellulosefolien ent-

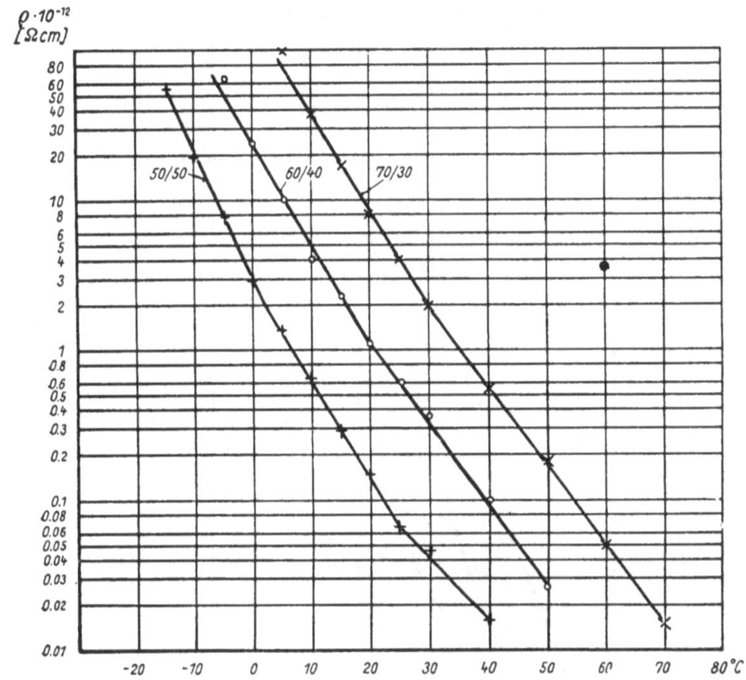

Abb. 8. Nitrozellulose E 620/Weichmacher ED 242.

zog sich der entsprechende Temperaturbereich in der Mehrzahl der Fälle leider der Messung, da er bei wesentlich tieferer Temperatur liegt. Die DK-Kurven haben an der Stelle des DV-Maximums einen Wendepunkt.

Bei den Folien PCU/Trikresylphosphat (Diagramme 9 und 10) konnte in allen drei Mischungsverhältnissen das Dispersionsgebiet der DK erfaßt werden. Bei den Folien PCU/ED 242 wurde das ganze Dispersionsgebiet nur bei der Masse 70/30

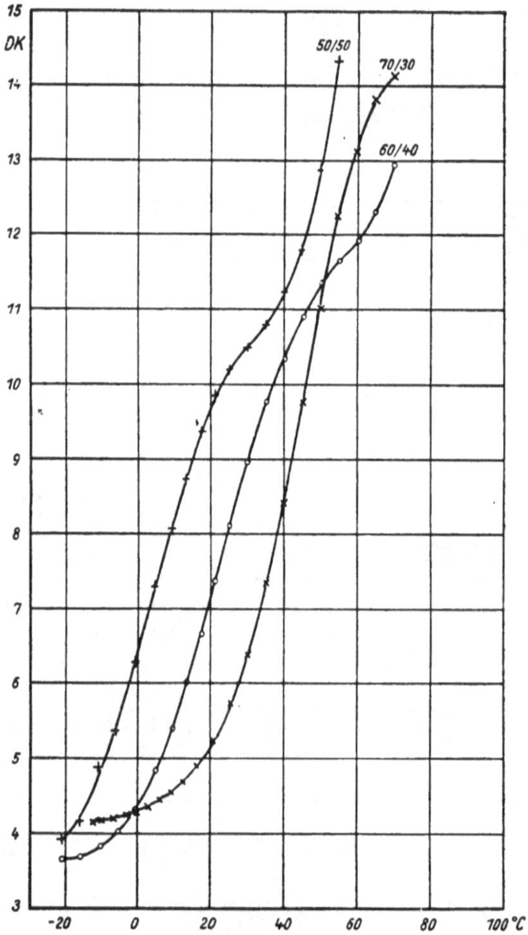

Abb. 9. PCU/Trikresylphosphat.

erreicht, während bei den Massen 60/40 und 50/50 nur ein Teil gemessen wurde. Die DV-Maxima sind jedoch in jedem Falle zu erkennen. Die mit Palatinol C weichgemachten Folien zeigen eine analoge Erscheinung wie beim Durchgangswiderstand. Das

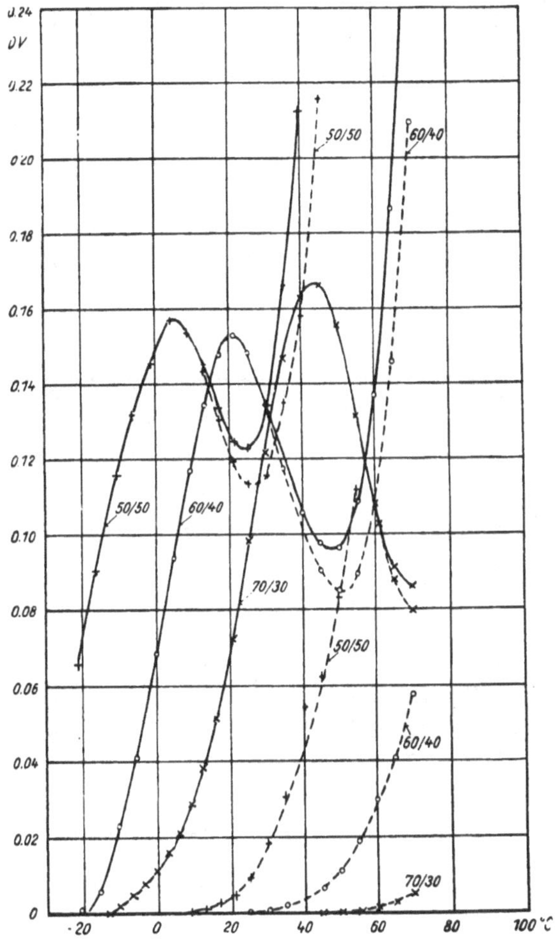

Abb. 10. PCU/Trikresylphosphat.

Verdampfen eines beträchtlichen Teiles des Weichmachers bei der Herstellung der Folien entstellte das Ergebnis.

Bei Benzylzellulose/Trikresylphosphat (Diagramm 11) sind nur die DV-Maxima der Massen 80/20 und 70/30 erfaßt worden.

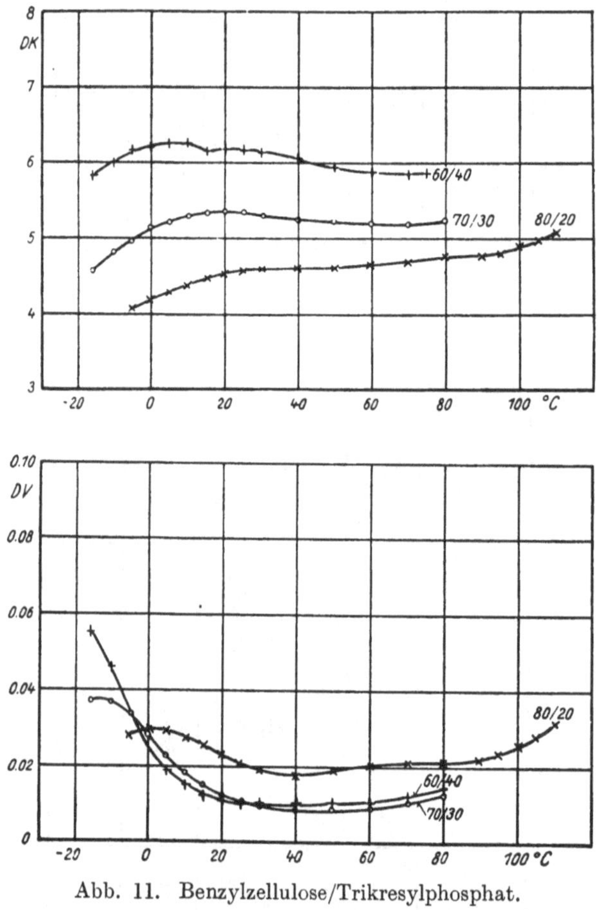

Abb. 11. Benzylzellulose/Trikresylphosphat.

Das äußerst zähflüssige Clophen A 60 als Weichmachungskomponente gibt ein anderes Bild (Diagramm 12). Die DV-Maxima liegen in den drei Mischungsverhältnissen sehr dicht beieinander. Das Dispersionsgebiet konnte vollständig gemessen werden. Palatinol C verschiebt das Dispersionsgebiet nach sehr tiefen Temperaturen. Das gleiche gilt auch für ED 242, wobei außerdem noch die Höhe der DV-Maxima stark abnimmt. Über-

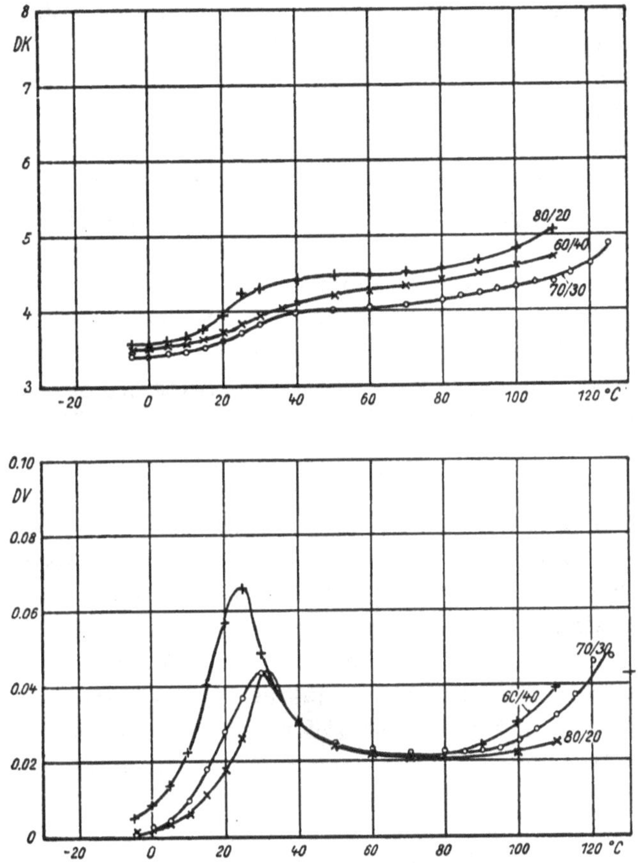

Abb. 12. Benzylzellulose/Clophen A 60.

haupt ist die Dispersionshöhe bei den Benzylzellulosefilmen sehr viel geringer als beim PCU. Da sie von der Zahl der sich orientierenden polaren Gruppen abhängt, müssen diese bei der Benzylzellulose stark in ihrer Beweglichkeit gehemmt sein, wahrscheinlich durch die Anwesenheit der Benzylgruppen. Das chlorhaltige Clophen A 60 scheint von sich aus die Zahl der beweglichen polaren Gruppen zu vermehren, was die Zunahme des Maximums bei größerem Anteil am Weichmacher zeigt.

Der Vergleich der aus Nitrozellulosewollen verschiedener Kettenlänge hergestellten Filme zeigt in ähnlicher Weise wie beim Durchgangswiderstand, daß die gemessenen Werte bei einander im Weichmachergehalt entsprechenden Filmen innerhalb der Fehlergrenze als gleich angesehen werden können. Der Weichmacher ED 242 verschob das Dispersionsgebiet zu so tiefen Temperaturen, daß seine vollständige Messung nicht mehr möglich war. Zunehmender Gehalt an Weichmacher führt zu einer Vergrößerung der Dispersionshöhe. Dies ist besonders deutlich an den mit Palatinol C weichgemachten Folien ersichtlich. Hier gelang eine fast vollständige Erfassung des Dispersionsgebietes.

Die mit dem nicht gelatinierenden Weichmacher Rizinusöl hergestellten Filme ergeben kein klares Bild. Schon aus der Härte der Filme konnte man schließen, daß das Dispersionsgebiet bei sehr hohen Temperaturen liegen mußte. Der starke Anstieg der DV bei höheren Temperaturen bestätigt diese Vermutung. Eine Messung bei noch höherer Temperatur ist hier nicht möglich, da sich Nitrozellulose leicht zersetzt. Der Anstieg der DV-Kurve bei sehr tiefen Temperaturen läßt auf ein zweites Maximum schließen, das nur dem Rizinusöl selbst zukommen kann.

Die Zelluloidfolien waren ebenfalls ziemlich hart und spröde, so daß das Dispersionsgebiet bei höheren Temperaturen liegen mußte. Bei der Messung verflüchtigt sich jedoch ständig der Kampfer, was ein einheitliches Ergebnis ausschließt. Hier tritt bei tiefer Temperatur kein DV-Maximum auf, da Kampfer mit Nitrozellulose eine feste Molekülverbindung bildet. Wenn die Verflüchtigung des Kampfers hätte vermieden werden können, wäre wahrscheinlich in der Nähe von 30° C ein Maximum zu erkennen gewesen. Eindeutige Werte lassen sich mit der gegebenen Versuchsanordnung in diesem Falle nicht erzielen.

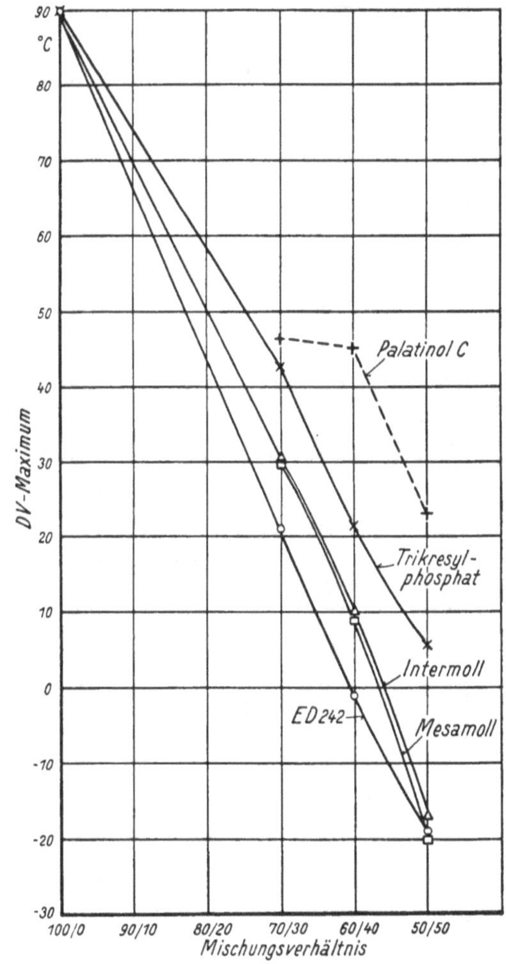

Abb. 13. Polyvinylchlorid PCU Typ G.

Die Lage der DV-Maxima sämtlicher Folien — soweit sie im Meßbereich lag — ist in den beiden Diagrammen 13 und 14 übersichtlich dargestellt. Bevor auf die Deutung im Zusammenhang mit der inneren Struktur der Weichmacher eingegangen

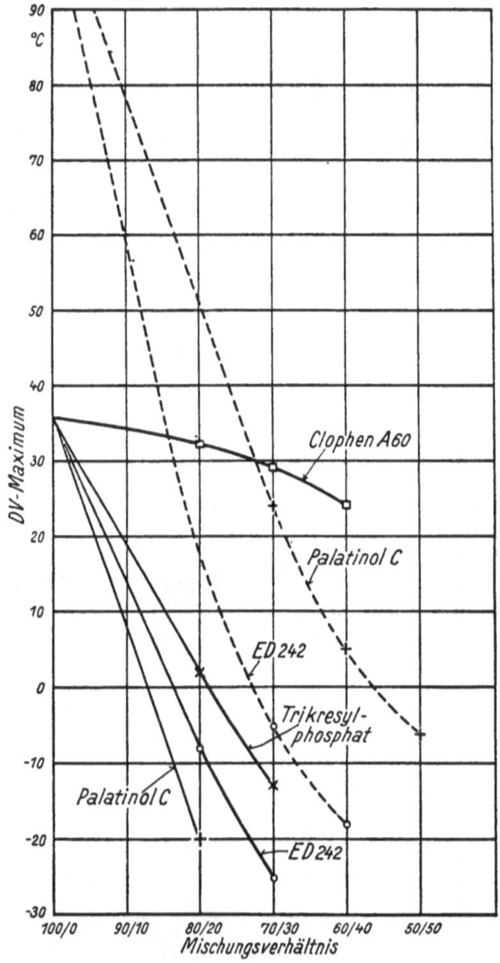

Abb. 14. ——— Benzylzellulose. - - - - - Nitrozellulose.

wird, soll erst noch die Durchführung der statistischen Auswertung der DK-Kurven nach den Methoden der Großzahl-Forschung erläutert werden, da deren Ergebnisse wohl die wertvollsten Erkenntnisse über den inneren Bau der betrachteten Systeme zu vermitteln in der Lage sind.

6. Anwendung der Großzahlforschung

Die mathematisch-statistischen Verfahren können immer dann angewandt werden, wenn eine sehr große Zahl irgendwelcher Ereignisse vorliegt. Die Lieferung der Einzelwerte kann dabei unmittelbar erfolgen, indem etwa Ergebnisse von sehr vielen Versuchen oder Beobachtungen vorliegen, oder mittelbar, wenn sich ein Messungsergebnis bereits aus dem Zusammenwirken einer sehr großen Zahl von Einzelereignissen zusammensetzt, wie dies bei Erscheinungen der Fall ist, die sich aus der Bewegung der Atome und Moleküle herleiten. Letzteres ist nun bei den dielektrischen Messungen gegeben. Im Dispersionsgebiet nimmt mit fallender Temperatur die Zahl der sich orientierenden Gruppen nach statistischen Gesetzen ständig ab.

Die DK-Kurve, dargestellt als Funktion $\varepsilon = f(t)$ (t = Temperatur), sowie ihr Differentialquotient nach der Temperatur, ähneln sehr stark den Summen- und Verteilungskurven und der Gaußschen Fehlerkurve. Es steht deshalb die Frage, ob es sich hier um eine sogenannte Normalverteilung handelt, oder, wenn das nicht der Fall ist, ob sich die gegebene Urverteilung in zwei oder mehrere Teilkollektive aufspalten läßt, die dann je einer Normalverteilung entsprechen. Derartige Untersuchungen wurden von WALTHER[14] an bituminösen Stoffen durchgeführt, wobei die Meßfrequenz des Dielkometers $2 . 10^6$ Hz betrug. Die Methode sei hier nur in ganz knappen Umrissen dargelegt, um den Zusammenhang nicht zu stören. Im übrigen muß auf die Originalliteratur verwiesen werden[15, 16, 17, 18].*

Es gibt zwei Möglichkeiten, die Fehler bei einer Messung bzw. die Schwankungen bei irgendeiner Erscheinung darzustellen. Entweder man trägt auf der Ordinate y den Bruchteil der Werte auf, die einen bestimmten Wert x überschreiten. Dann erhält

---

* Der Vollständigkeit halber sei darauf hingewiesen, daß die hier dargelegte Methode einer exakten Begründung nicht zugänglich ist, sich jedoch, wie in vielen anderen Fällen, auch hier wieder als äußerst nützlich erwiesen hat.

man eine stetig steigende, S-förmige Kurve mit einem Wendepunkt in der Mitte. Oder aber man trägt als y die relative Zahl der Beobachtungen an jeder Stelle x auf, dann erhält man eine Glockenkurve. Wenn die Funktion der Glockenkurve φ (x) und die der Summenkurve f (x) sei, dann ist $f(x) = \int_{-\infty}^{x} \varphi(x)\, dx$. Die Wahrscheinlichkeit für das Auftreten einer Schwankung innerhalb x und $x + dx$ ist

$$W(x)\, dx = \frac{h}{\sqrt{\pi}} e^{-h^2 x^2} dx \quad \text{(Gaußsches Fehlergesetz).}$$

Dies ist die Gleichung der Glockenkurve. h ist ein Maß für die Streuung, also die Breite der Kurve bzw. die Ungenauigkeit von Messungen.

Auf die Verhältnisse der DK-Messung angewandt, bilden wir den Differentialquotienten der DK $d\,\varepsilon/dt$ oder einfacher den Differenzenquotienten $\Delta\,\varepsilon/\Delta\,t$ nach der Temperatur. So gelangen wir zur Glockenkurve. Die Größe der Änderung $\Delta\,\varepsilon/\Delta\,t$ läßt sich nun in Teilkollektive T_i zerlegen. In obiger Formel setzen wir dann für $W(x) = T$. h läßt sich nach Beziehungen, die hier nicht abgeleitet werden sollen[19, 20], eliminieren. Es gilt

$$m = \frac{\sqrt{\pi}}{2} \cdot a \quad \text{und} \quad h = \frac{1}{a \cdot \sqrt{\pi}},$$

wobei m = mittlere Schwankung = Abszisse des Wendepunktes der Glockenkurve und a = durchschnittliche Schwankung bedeuten. Auflösung der beiden Gleichungen gibt

$$h = \frac{1}{m \cdot \sqrt{2}}.$$

Beim Einsetzen in die Gleichung der Glockenkurve erhält man:

$$T = T_{\max} \cdot e^{-\frac{x^2}{2 m^2}},$$

denn bei $x = 0$ ist $T = \frac{h}{\sqrt{\pi}} = T_{max}$, da das Maximum infolge der völligen Symmetrie der Kurve bei $x = 0$ liegt. (Für x werden die entsprechenden Temperaturwerte eingesetzt.)

Zeichnet man nun die zugehörige Integralkurve in ein Koordinatennetz ein und ändert die Teilung der einen Koordinate in der Weise, daß die Gaußsche Summenkurve zu einer Geraden wird, dann erhält man das Wahrscheinlichkeitsnetz. Zeichnet man weiterhin die Werte der Glockenkurve in das bis 50% reichende Wahrscheinlichkeitsnetz, das sogenannte Häufigkeitspapier ein, dann werden die Enden der Glockenkurve zu Geraden gestreckt.

Wahrscheinlichkeitsnetz und Häufigkeitspapier erleichtern die Häufigkeitsanalyse außerordentlich. Auf dem Häufigkeitspapier gelingt verhältnismäßig leicht eine Zerlegung einer komplexen Urverteilung in Teilkollektive, die Normalverteilungen darstellen. Grundsätzlich ist eine Zerlegung in unendlich viele Teilkollektive möglich, deren Umhüllende die Urverteilung bildet. Hier wird jedoch die Voraussetzung gemacht, daß eine Zerlegung in möglichst wenige Teilkollektive erfolgen soll und daß die Zerlegung zwingend sein muß. Eine Aufspaltung komplexer Urverteilungen auf rechnerischem Wege ist auch möglich, doch viel zeitraubender, ebenso die Durchführung der harmonischen Analyse. Das Ergebnis ist dabei das gleiche. (Über Grenzen der graphischen Auswertungsmethodik der Großzahlforschung siehe [21].) Die praktische Durchführung der Häufigkeitsanalyse soll nun am Beispiel PCU/Palatinol C 50/50 erläutert werden. In Tabelle 3 ist oben der DK-Wert ε_1 am Ende des Dispersionsgebietes und die zugehörige Temperatur t_1 eingetragen, weiterhin ε_0 und t_0 am Beginn des Dispersionsgebietes, die Dispersionshöhe $\varepsilon_1 - \varepsilon_0$, und schließlich ε_m und t_m, die Werte des Wendepunktes. In dem oberen Teil der Tabelle sind die ε-Werte zwischen ε_1 und ε_0 mit fallender Temperatur in je 10° C Abstand aufgeführt, in der Spalte 3 die Differenzenquotienten, in Spalte 4

Tabelle 3

PCU/Palatinol C/50/50

$\varepsilon_1 = 11{,}80 \qquad t_1 = 70^\circ$ C

$\varepsilon_0 = 4{,}40 \qquad t_0 = -20^\circ$

$\varepsilon_1 - \varepsilon_0 = 7{,}40$

$\varepsilon_m = 8{,}30 \qquad t_m = 23^\circ$

t° C	ε	$\frac{\Delta\varepsilon\, 10^2}{\Delta t}$	$\sum\left(\frac{\Delta\varepsilon}{\Delta t}\cdot 10^2\right)$	$\sum\left(\frac{\Delta\varepsilon}{\Delta t}\right)$ %
70	11,80	5,5	74,0	100,0
60	11,25	5,7	68,5	92,5
50	10,68	6,8	62,8	84,9
40	10,00	8,5	56,0	75,6
30	9,15	12,8	47,5	64,1
20	7,87	14,7	34,7	46,9
10	6,40	11,2	20,8	27,0
0	5,28	5,6	8,8	11,9
—10	4,72	3,2	3,2	4,3
—20	4,40			

$t_{99\%} = 79^\circ$ C $\qquad t_{99} - t_1 = 100^\circ$

$t_{1\%} = -21^\circ$ C $\qquad$ Klassenbreite: 10°

t° C	$\sum\frac{\Delta\varepsilon}{\Delta t}$ %	t_m	$\frac{\Delta\varepsilon}{\Delta t}$ %	T_1	T_2	T_3	ΣT_1	ΣT_2	ΣT_3	ΣT_1 %	ΣT_2 %	ΣT_3 %
79	99,0	74	2,5			2,0			30,3			99,0
69	96,5	64	4,5			4,5			28,3			92,0
59	92,0	54	8,0			7,5			23,8			77,8
49	84,0	44	10,0		2,2	7,8		61,4	16,3		99,0	53,2
39	74,0	34	12,0		7,0	5,0		59,2	8,5		95,5	27,8
29	62,0	24	18,0		15,5	2,5		52,2	3,5		84,3	11,4
19	44,0	14	20,0		19,0	1,0		36,7	1,0		59,2	3,26
9	24,0	4	13,0	1,3	11,7		5,3	17,7		99,0	28,6	
- 1	11,0	- 6	7,2	2,4	4,8		4,0	6,0		74,6	9,7	
-11	3,8	-16	2,8	1,6	1,2		1,6	1,2		29,8	1,9	
-21	1,0											
1	2	3	4	5	6	7	8	9	10	11	12	13

die Summe der Differenzenquotienten von unten nach oben und in Spalte 5 schließlich die Summenhäufigkeitswerte der Spalte 4 in Prozent umgerechnet. Diese Summenhäufigkeitsprozente wurden in das Wahrscheinlichkeitsnetz (WN) eingezeichnet, wobei sich keine Gerade ergab, was zu bedeuten hat, daß die Urverteilung keine Normalverteilung darstellt (Diagramm 15).

Da nun die oberen und unteren Werte sich nicht sehr genau ermitteln lassen, werden sie in der kommenden Rechnung weggelassen. Es wird nur mit den Werten zwischen 1% und 99% gerechnet (manchmal nur zwischen 10% und 90%). Zu diesem Zweck sind über dem zweiten Teil der Tabelle die Temperaturen von 99% und von 1% angeführt, wie sie aus dem WN entnommen wurden. Die Temperaturspanne $t_{99\%} - t_{1\%}$ wurde hierauf in 10 Klassen eingeteilt, um genügend Kurvenpunkte für die nachfolgende Einzeichnung in Häufigkeitspapier (HP) zu erhalten. Im zweiten Teil der Tabelle sind in Spalte 1 die den neuen Klassen entsprechenden oberen Temperaturen eingetragen und in Spalte 2 die zugehörigen Summenhäufigkeitsprozente, die aus dem WN abgelesen wurden. Spalte 3 enthält die der Klassenmitte entsprechende Temperatur t_m und Spalte 4 die dazugehörigen Häufigkeitsprozente, ermittelt durch Differenzbildung aus je zwei Werten der Spalte 2. Die Werte aus Spalte 4 wurden im HP über t_m eingezeichnet und durch den im Diagramm 16 obersten Kurvenzug verbunden.

Die Zerlegung in Teilkollektive mit Normalverteilung erfolgt durch Probieren. Zwei Maxima lassen sich schon in der Kurve der Urverteilung erkennen, das rechte und mittlere. Da nun die Enden der Normalkollektive im HP durch Gerade wiedergegeben werden, läßt sich von rechts aus das Teilkollektiv T_3 konstruieren, danach T_2. Dabei muß stets beachtet werden, daß die Summe der Teilkollektive jeweils den Wert der Urverteilung bei der betreffenden Temperatur ergibt. T_1 läßt sich zum Schluß als Ergänzung leicht einzeichnen. Die Werte von T_1, T_2 und T_3 sind in den Spalten 5 bis 7 wiedergegeben, während

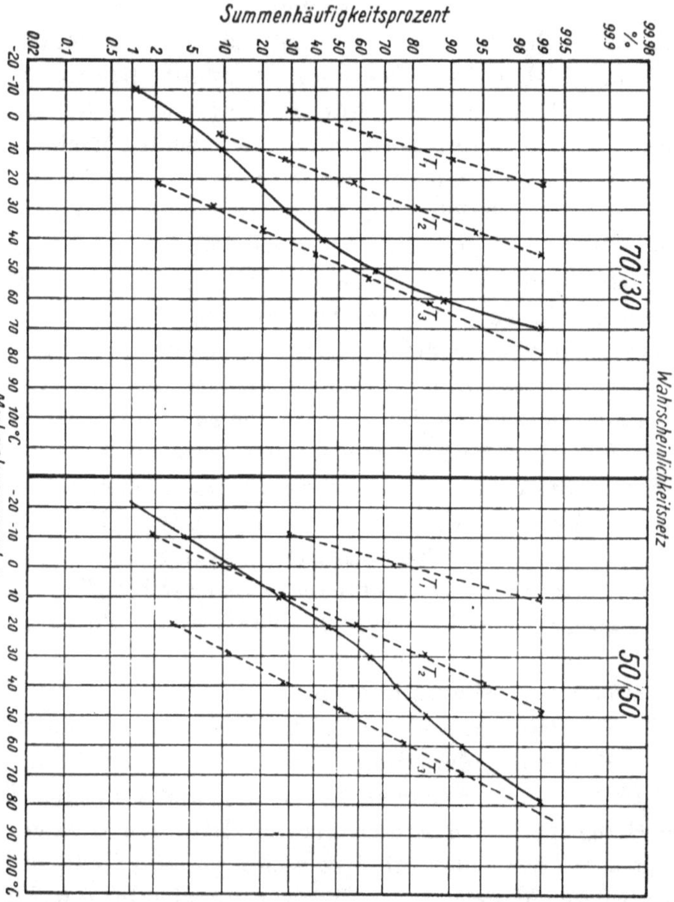

Abb. 15. PCU/Palatinol C.

aus den Spalten 8 bis 10 die Summenhäufigkeiten der Teilkollektive und den Spalten 11 bis 13 die entsprechenden Summenhäufigkeitsprozente zu entnehmen sind. Zur Nachprüfung, ob es sich bei den Teilkollektiven um Normalverteilungen handelt,

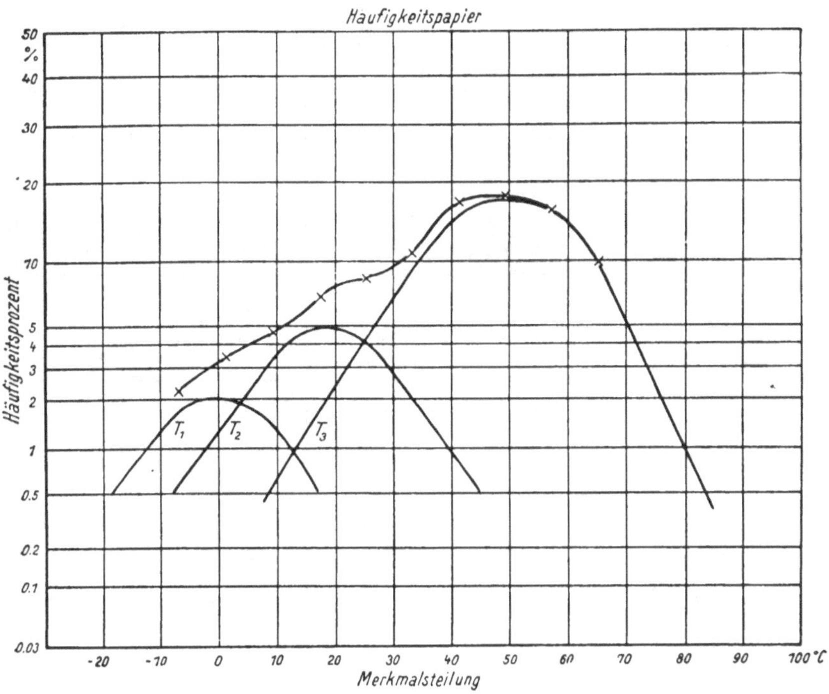

Abb. 16. PCU/Palatinol C 70/30.

wurden die Werte der Spalten 11 bis 13 in das WN gestrichelt eingezeichnet. Abgesehen von den Endpunkten, deren Bestimmung nie ganz genau ist, liegen die Punkte sehr gut auf einer Geraden, es liegen also Normalverteilungen vor.

Schließlich ist es noch möglich, die komplexen DK-Kurven bei Kenntnis der Teilkollektive aufzuspalten. Man gelangt zu den Teildielektrizitätskonstanten, indem man die Rechnung gerade in umgekehrter Richtung durchführt, als dies bei der Aufspaltung in Teilkollektive erfolgte.

Die Häufigkeitsanalyse konnte selbstverständlich nur an denjenigen DK-Kurven durchgeführt werden, bei denen das gesamte

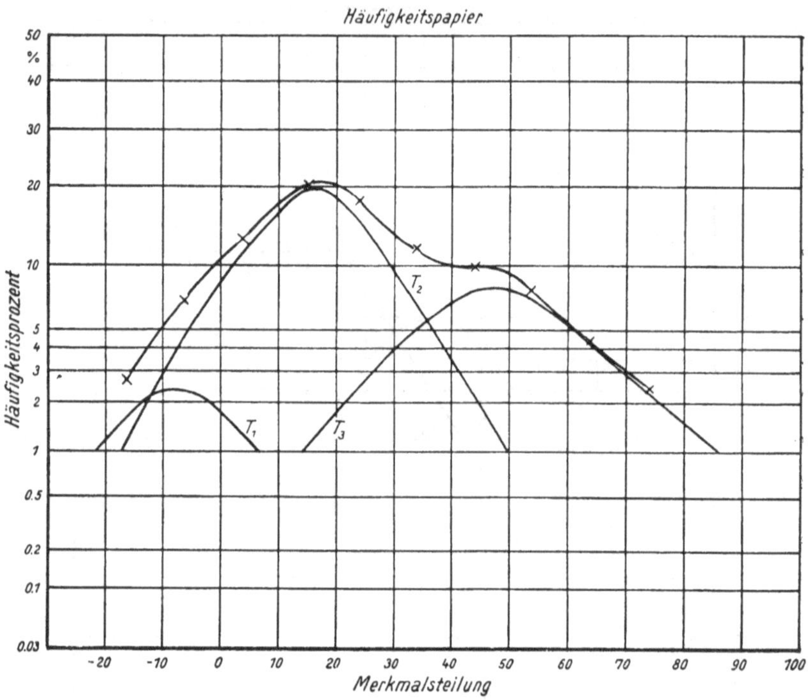

Abb. 17. PCU/Palatinol C 50/50.

Gebiet der anomalen DK-Dispersion erfaßt war. Geringe Abweichungen in den DK-Kurven wurden dabei ausgeglichen. In jedem Falle mußten die Häufigkeitskurven in drei Teilkollektive zerlegt werden. Die Aufspaltung in nur zwei Teilkollektive, wie sie von WALTHER[14] bei Bitumina in den meisten Fällen möglich war, gelang hier bei keiner einzigen Probe.

Der Vergleich von Lage und Größe der Teilkollektive bei den beiden Proben PCU/Palatinol C (Diagramm 16 und 17) zeigt, daß bei steigendem Gehalt an Weichmacher die linken Teilkollektive T_1 und vor allem T_2 zunehmen, während T_3 kleiner wird. Das größte Teilkollektiv verschiebt sich dabei entsprechend den DV-Maxima in Richtung tieferer Temperatur. Über die Breite der einzelnen Teilkollektive sei vorerst noch nichts gesagt.

Eine ähnliche Erscheinung finden wir bei den PCU-Trikresylphosphat-Proben (Diagramm 18 und 19). T_1 wächst bei zunehmendem Weichmachergehalt auf Kosten von T_3, während sich T_2 hier nicht so stark verändert. Der Unterschied im Weichmachergehalt war hier nicht so groß. Bei PCU/Palatinol C war er allerdings nachher nicht mehr feststellbar.

Die Folie PCU/ED 242 70/30 (Diagramm 20) zeigte annähernd gleiche Größe von T_2 und T_3, während T_1 etwas kleiner ist. Dagegen ist bei PCU/Mesamoll 70/30 (Diagramm 21) T_1 ziemlich groß und T_3 klein. In beiden Fällen ist T_2 am größten.

Einen eigenartigen und abweichenden Charakter hat die Häufigkeitskurve der Folie Benzylzellulose/Clophen A 60, 60/40 (Diagramm 22). Alle Teilkollektive sind sehr schmal und hoch, T_2 am größten, T_1 größer als T_3. Die Streuung muß hier also besonders gering sein.

7. Deutung der Messungsergebnisse

Wie bereits weiter oben dargelegt, kann man sich das System Polymerisat-Weichmacher nach folgender Gleichung veranschaulichen:

$$\text{Pol} \cdot \text{Pol.} + \text{WM} \cdot \text{WM} \rightleftharpoons 2\,\text{Pol} \cdot \text{WM}.$$

In dem vorliegenden Gleichgewicht sind drei Komponenten mit drei verschiedenen Bindungsverhältnissen enthalten. Bei einem gut lösenden Weichmacher wird bei nicht zu hohem

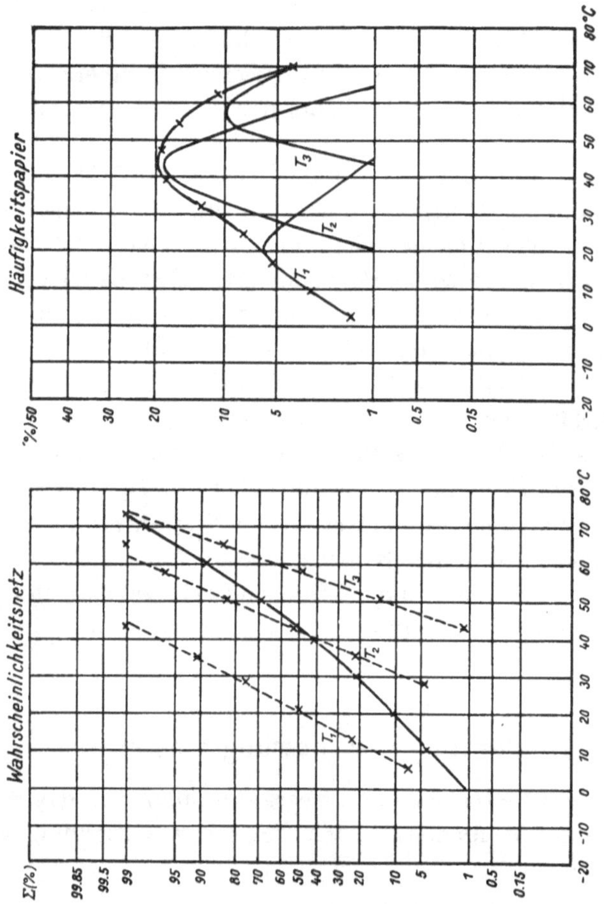

Abb. 18. PCU/Trikresylphosphat 70/30.

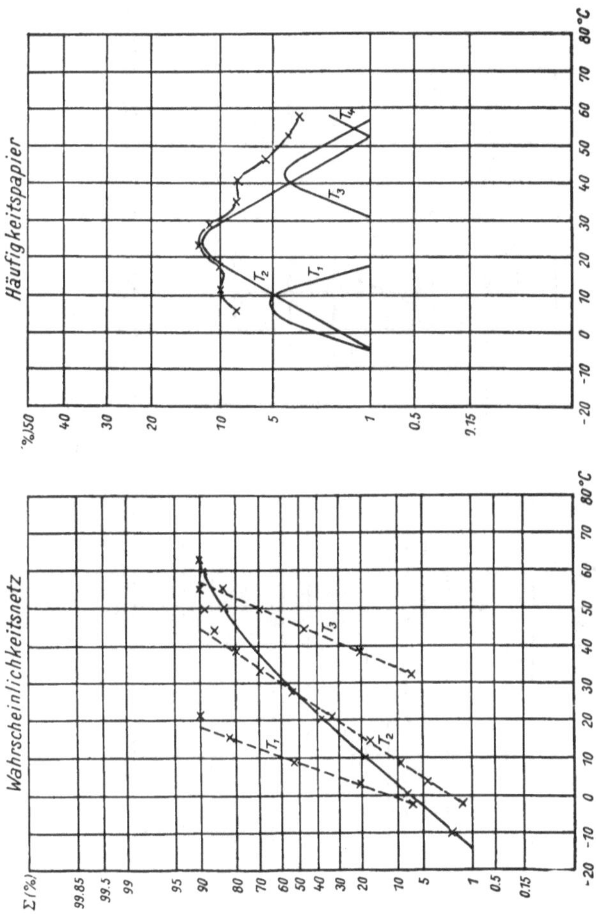

Abb. 19. PCU/Trikresylphosphat 60/40.

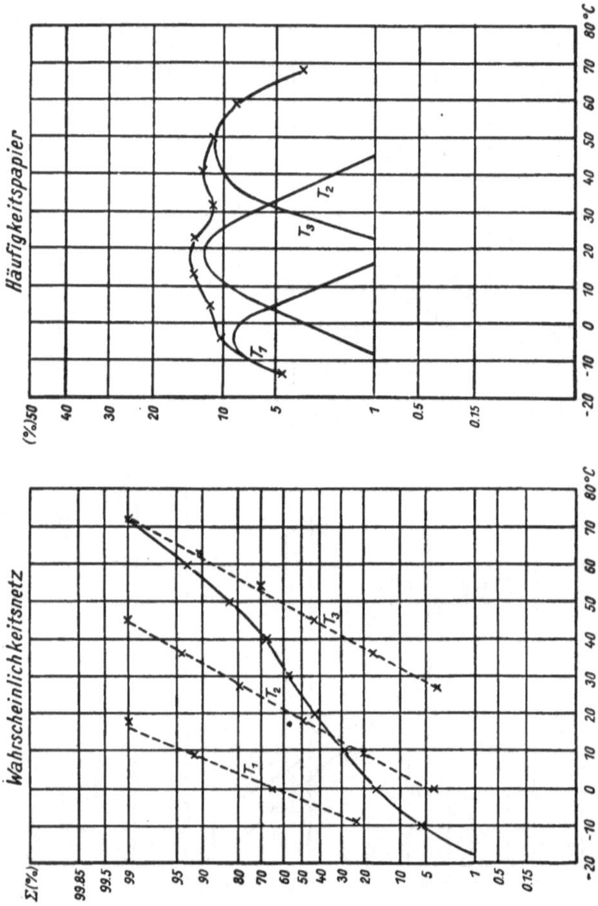

Abb. 20. PCU/Weichmacher ED 242, 70/30.

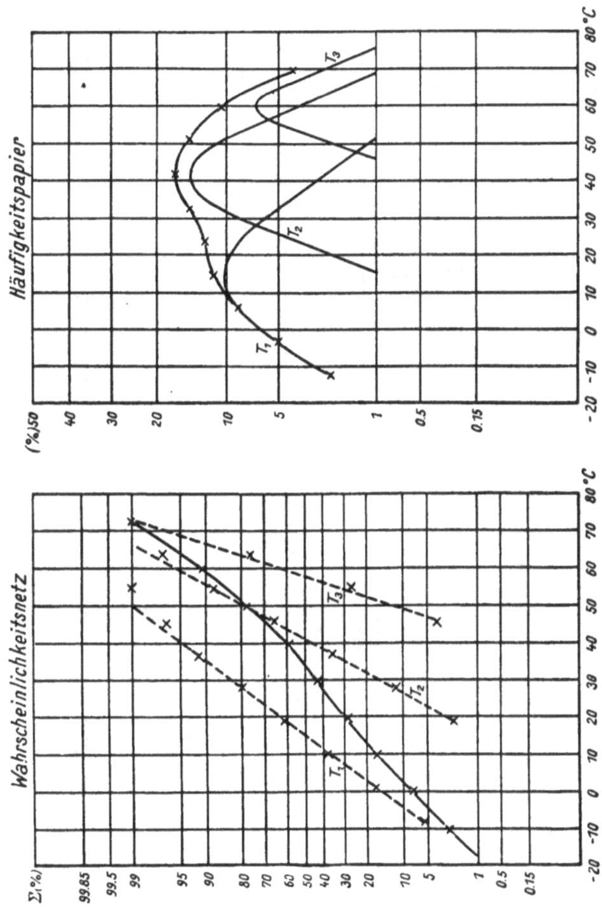

Abb. 21. PCU-Mesamoll 70/30.

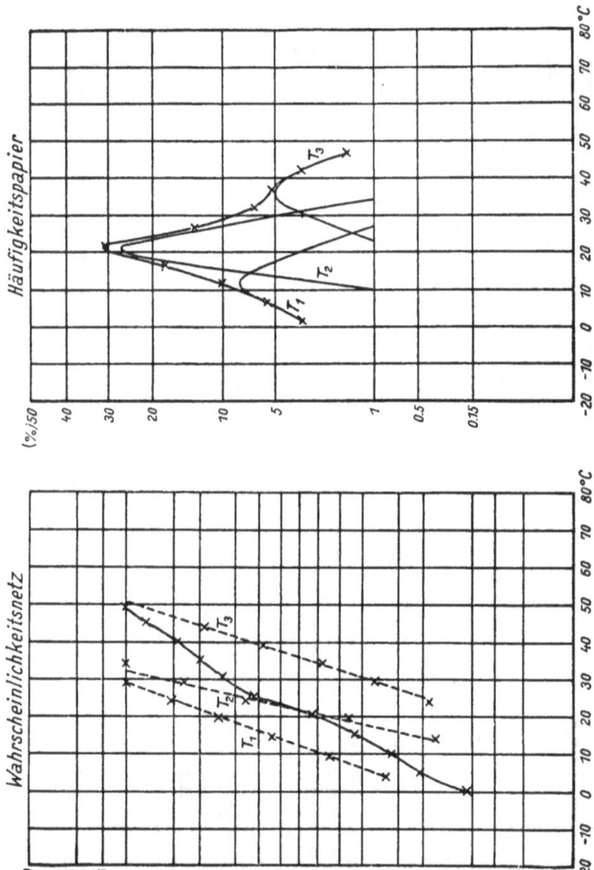

Abb. 22. Benzylzellulose/Clophen A 60, 60/40.

Gehalt an Weichmacher das Gleichgewicht weitgehend nach rechts verschoben sein, denn der gelatinierende Weichmacher drängt sich zwischen die Makromoleküle und ersetzt die Dipolbindung (oder van der Waalssche Bindung) Pol · Pol durch die festere Dipolbindung Pol · WM. Trotzdem wird aus sterischen Gründen nur ein Teil der Weichmachermoleküle in der unmittelbaren Solvatationssphäre Platz finden, während der übrige Teil in etwas weiterer Entfernung eingelagert wird und wegen der größeren Abstände zum Makromolekül schwächer gebunden ist. Folglich wird dieser Anteil des Weichmachers eine größere Beweglichkeit haben als der direkt im Solvat gebundene. Bei schlechten Weichmachern hingegen oder bei einem nur geringen Gehalt an gutem Weichmacher werden nicht so viele Bindungen Pol · Pol gelöst werden. Die Bindung zwischen einzelnen Teilen der Kettenmoleküle wurde bereits in anderem Zusammenhange[22] als teilweise Kristallisation angesehen.

Bei der Betrachtung der Häufigkeitskurven und ihrer Zerlegung in stets drei Teilkollektive mit Normalverteilung drängt sich nun unwillkürlich die Vermutung auf, daß die einzelnen Teilkollektive jeweils mit einer der drei Bindungsarten in Zusammenhang gebracht werden können. Würde man das Urkollektiv und die zugehörigen Teilkollektive in normales Millimeterpapier einzeichnen, ergäben sich Glockenkurven von der Art, wie sie bereits die DV-Kurven darstellen. Bei den DV-Kurven wanderte das Maximum mit zunehmendem Gehalt an Weichmacher nach tiefen Temperaturen, entsprechend der Zunahme der inneren Beweglichkeit und Herabsetzung der ET. Da nun das Teilkollektiv T_1 jeweils bei der tiefsten Temperatur gelegen ist, muß es dem beweglichsten Anteil zukommen, also den sekundären Weichmachermolekülen. T_3 müßte der festesten Bindung entsprechen, in unserem Falle der teilweisen Kristallisation. T_2 schließlich entspräche dann der bei gutem Weichmacher vorherrschenden Bindung Pol · WM. Dieses Teilkollektiv ist bei den vorliegenden Messungen fast stets am größten.

Die Breite der Teilkollektive entspricht der Streuung des Dispersionsgebietes über einen größeren oder kleineren Temperaturbereich. Die Streuung ist auch ersichtlich aus der Steilheit der Geraden im WN. Größere Steilheit bedeutet geringere Streuung. Da nun die DK im Falle der Kristallisation eine sprunghafte Änderung erfährt, das Dispersionsgebiet daher sehr steil verläuft, kann die Streuung als Maß für den Ordnungszustand des Systems angesehen werden. Je größer die Streuung eines Teilkollektivs ist, um so weiter ist der damit charakterisierte Zustand von dem einer geordneten Lage der Moleküle entfernt.

Wenn man die Breite des Dispersionsgebietes mit der Neigung der Widerstandskurven vergleicht, scheint auch ein gewisser Zusammenhang zu bestehen. Benzylzellulose/Clophen A 60 hat das schmalste Dispersionsgebiet und auch die größte Steilheit der Widerstandskurve.

Die Form der Widerstandskurven steht im Widerspruch zu anderen Vorstellungen. Der Verlauf bei tieferer Temperatur müßte flacher sein als oberhalb der sogenannten ET, denn oberhalb der ET nimmt die Beweglichkeit viel stärker zu. Derartige Kurven erhält man bei Messungen des Brechungsindex bei verschiedenen Temperaturen[5]. In unserem Falle tritt gerade das Gegenteil ein, die Neigung wird oberhalb der ET geringer. Eine Erklärung könnte darin zu suchen sein, daß die Leitfähigkeit bis zu der Temperatur des zweiten Knickpunktes fast ausschließlich durch Ionen erfolgt, die bekanntlich von Kolloiden stets adsorbiert werden. Die Herstellungsweise aller drei Hochpolymeren bedingt die Anwesenheit von Ionen. Im Gebiet der fixierten Struktur, unterhalb der ET, dürfte eine Elektrizitätsleitung durch Weichmacherwanderung unter den vorliegenden Bedingungen gänzlich ausgeschlossen sein. Auch die Ionen sind in ihrer Bewegung stark gehemmt und werden mit zunehmender Temperatur nur nach und nach freigegeben, bis schließlich im Gebiet der ET der größte Teil der Ionen seine Beweglichkeit erlangt hat. Bis hierher reicht das steilere Stück der Kurve. Oberhalb der ET ist die Stromstärke abhängig von der (sehr großen) Viskosität des Mediums, es handelt sich um eine Elektrolyse in einer sehr zähen Flüssigkeit (gelockerte Gelstruktur im Gegensatz zum festen Gel im eingefrorenen Zustand). Dies entspricht dem flacheren Stück bis zum zweiten Knick. Hier wird eine weitere Erscheinung der Elektrolyse überlagert, die Wanderung des Weichmachers, der inzwischen so hohe Beweglichkeit erlangt hat (Solzustand). (Die Weichmacherwanderung tritt selbstverständlich bei Massen sehr hohen Weichmachergehaltes besonders in den Vordergrund; Würstlin hat diese Erscheinung an sehr weichen Massen untersucht.) An der einen Elektrode nimmt die Konzentration an Weichmacher ab und damit die Viskosität zu, gleichbedeutend mit einer Vergrößerung des Widerstandes. Die Kurve wird noch flacher und die Werte werden zeitabhängig. Im Gebiet des Gelzustandes dürfte diese Erscheinung nur bei sehr langer Einwirkung sehr hoher Spannungen wahrnehmbar sein[23].

Wenn sich die verschiedenen Weichmassen bei der ET in einem übereinstimmenden Zustand befinden würden, was ja mit der Annahme der gleichen Viskosität von $\eta = 10^{13}$ abs. Einheiten in gewisser Hinsicht der Fall sein müßte, dann könnte man bei Erklärung der Leitfähigkeit hauptsächlich durch Weichmacherwanderung auch erwarten, daß bei der ET alle Weichmassen die gleiche Leitfähigkeit aufweisen sollten. Der Vergleich der Kurven zeigt, daß das innerhalb der Versuchsfehler nicht der Fall ist. Die Leitfähigkeit muß also noch von anderen Faktoren abhängig sein, wodurch die Zusammenhänge komplizierter werden.

Noch ungeklärt bleibt der große Anstieg der DV-Kurven bei hohen Temperaturen. Wenn er nur auf die durch Leitfähigkeit verursachten Verluste zurückzuführen wäre, dann müßte er durch die aus der Leitfähigkeit bei Gleichstrom errechneten Werte für den Ableitungsverlustfaktor DV_G erfaßt werden.

Die tatsächlich gemessenen DV liegen jedoch bedeutend höher. Entweder ist die Leitfähigkeit bei Wechselstrom viel größer oder liegt bei höherer Temperatur noch ein großes Maximum. Das erstere erscheint wahrscheinlicher. Die von anderen Autoren[12, 13] durchgeführten Messungen sind mit 10^6 bis 10^7 Hz gemacht und lassen keinen Vergleich zu, wie schon die Verschiebung der Maxima nach höheren Temperaturen um etwa 90° C zeigt. Die Messung bei 800 Hz ist zum Vergleich der ET mit den aus mechanischen Messungen gewonnenen Werten viel besser geeignet, da sie evtl. Relaxationszeiten längerer Dauer eher erfaßt, als dies bei den hohen Frequenzen der Fall sein kann. Auch der steile Anstieg der DK an der gleichen Stelle wie bei dem DV ist noch nicht geklärt.

8. Zusammenfassung

Durch Messungen des Durchgangswiderstandes, der Dielektrizitätskonstante und der dielektrischen Verluste an weichgemachten Plasten wurde gezeigt, daß im Bereich der Einfriertemperatur die Leitfähigkeitskurven Knicke aufweisen, während die DK-Kurve dort einen Wendepunkt und die DV-Kurve ein Maximum besitzt.

Durch Anwendung von Methoden der Großzahlforschung auf die DK-Dispersion ließen sich Schlüsse auf den Bindungszustand zwischen Hochpolymerem und Weichmacher ziehen.

Verzeichnis der Literatur

1 E. JENCKEL, Aachen, Weichmacherprobleme. Kunstst. 42, 1 (1952).

2 K. THINIUS, Magdeburg, Einiges zum System Eukolloid und Weichmacher. Chem. Technik 4, 471 (1952).

3 K. LEILICH, Köln-Mülheim. Über die Wirkung der Weichmacher auf Polyvinylchlorid. Koll. Z. 99, 107 (1942).

4 K. ÜBERREITER und K. KLEIN. Das Dilatometer als Hilfsmittel der Kunststoff-Forschung. Chem. Technik 15, 5 (1942).

5 W. KNAPPE und A. SCHULZ. Die refraktometrische Bestimmung der Wirksamkeit von Weichmachern bei Polyvinylchlorid. Kunstst. 41, 321 (1951).

6 E. JENCKEL, Aachen. Physikalische Chemie der Silikatgläser und der glasigen Kunststoffe. Angew. Chem. 54, 475 (1941).

7 F. WÜRSTLIN, Ludwigshafen. Zur elektrischen Leitfähigkeit weichgemachter PVC-Massen. Kunstst.-Technik 11, 269 (1941).

8 R. NITSCHE und G. PFESTORF. Prüfung und Bewertung elektrotechnischer Isolierstoffe (1940).

9 P. O. SCHUPP in R. HOUWINK. Chemie und Technologie der Kunststoffe (1942).

10 F. KOHLRAUSCH. Praktische Physik, Bd. 2.

11 P. DEBYE, Polare Molekeln.

12 F. WÜRSTLIN. Dielektrische Messung der Weichmacher von PVC. Koll. Z. 105, 9 (1943).

13 F. WÜRSTLIN. Dielektrische Bestimmung der Solvathülle von weichgemachtem Polyvinchlorid. Koll. Z. 113, 18 (1949).

14 HORST WALTHER, Leipzig. Zur Analyse dielektrischer Dispersionskurven bituminöser Stoffe. Koll. Z. 117, 75 (1950).

15 K. DAEVES und A. BECKEL. Auswertung von Betriebszahlen und Betriebsversuchen durch Großzahl-Forschung. Berlin 1942, oder siehe auch Chem. Fabrik 14, 131 (1941).

16 K. DAEVES und A. BECKEL. Großzahl-Forschung und Häufigkeitsanalyse; ein Leitfaden. Weinheim, Berlin 1948.

17 A. BECKEL, Düsseldorf. Anwendung der Großzahl-Forschung in der Lebensmittelchemie. Zeitschr. f. Unters. d. Lebensm. 66, 158 (1933).

[18] S. KOLLER. Graphische Tafeln zur Beurteilung statistischer Zahlen. Dresden, Leipzig 1943.

[19] B. BAULE. Mathem. d. Naturforschers und Ingenieurs. Bd. 2.

[20] E. CZUBER. Die statistischen Forschungsmethoden. Wien 1938.

[21] E. ROSSOW, Courcelle, Frankreich. Wahrscheinlichkeitsrechnung in Technik und Wirtschaft (IV). Grenzen der graphischen Auswertungsmethodik der Großzahl-Forschung. Die Technik 7, 606 (1952).

[22] H. A. STUART, Hannover. Über molekulare Ordnungszustände in hochpolymeren Körpern und ihre Bedeutung für deren technologische Eigenschaften. Kunstst. 42, 266 (1952).

[23] R. VIEWEG und H. KLINGELHÖFFER, Darmstadt. Sichtbare Gleichstromvorgänge an Kunstharzen. Kunstst. 31, 49 (1941).

[24] W. M. MÜNZINGER, Stuttgart. Fortschritte auf dem Gebiet der Weichmachungsmittel. Kunstst. 31, 389 (1941).

FSC
www.fsc.org
MIX
Papier | Fördert
gute Waldnutzung
FSC® C083411

Zeitfracht Medien GmbH
Ferdinand-Jühlke-Straße 7
99095 Erfurt, Deutschland
produktsicherheit@kolibri360.de